조경
기능사
실기
시험문제

저자약력

박주하

조경학 전공

옥상정원, 실내조경, 주택정원 설계/시공/도시양봉

대한민국조경국전(조경협회. 환경부장관. 서울시. 늘푸른) - 최우수상 수상

Landscape-Academy 대표

이 책을 발행하면서……

현대사회에서 책이라는 매체가 인터넷이라는 손쉬운 지식의 전달매체보다 뛰어난 우위를 갖고 있는 건, 아마 지식과 기술의 습득에 있어 한계를 절감하고 있기 때문일 것입니다. 얕은 지식에서 나온 교육과 훈련의 결과물은 한 번씩 같은 훈련기간의 성과물로는 너무나도 빈약한 답안으로 제출되는 안타까움이 크게 느껴지던 시점이었습니다. 격오지에 계신 분이 "조경실기 혼자서 할 수 없습니까? 어떤 책이 좋은지 추천해 주십시오."라는 질문에 답안이 되길 바라는 마음이, 이 책을 집필하게 된 동기가 되었습니다.

앞으로의 수명연장은 분명 지속적인 조경 학습수요와 구직자리를 요구할 것입니다. 이에 사회도, 교육도 평생학습사회로의 전환기에 도래하고 있으며, 학교/학력 인증시대에서 이제는 퇴직 후 기술 인증의 능력우선시대 교육이 요구될 것입니다.

여러 가지 이유에서 선택되어지는 조경교육에 있어, 기왕 조경을 선택하였다면 똑같은 훈련시간과 노력이 필요하다면 좀 더 체계화된 학습으로, 정석(定石)의 평생학습이 다양한 곳에서 조경실기의 기준이 될 수 있도록 이 책이 조경직종의 입문자와 조경직 공무원, 식물자원 · 조경(훈련)교사를 준비하는 자, 퇴직 후 노후보장을 준비하기 위한 조경자격증 준비에, 든든한 조력자로 옆에서 함께 하는 바람으로 이 책을 써 나갔습니다.

국가는 앞으로 이러한 평생학습환경을 위해 국가직무능력표준(National Competency Standards, NCS)을 기반으로 하는 NQF의 구축과 운영을 앞두고 있습니다. 이러한 이유로 NCS 훈련의 도입과 NQF의 구축 방향을 설정하고 도입하기 위한 전략에 대한 논의가 이루어지고 있습니다. 이에 이 책 또한 NCS조경 교육의 훈련을 객관화하고, 교육을 측정하고 정량화하는데 적합하도록 노력하였습니다.

앞으로 이 책을 선택하시는 모든 분들은 조경 자격 시험을 준비해야 할 것이 많고, 두렵고 힘들다는 생각보단, 손쉽고 재미있는 정석(定石)의 길로 함께 할 수 있도록, 이 책이 안내하고 시험에 합격할 수 있게 할 것입니다.

이러한 노력을 위해 교재는 쉽게 집필할 수 있는 컴퓨터CAD식 답안은 배제하였으며, 수험자가 노력하고 도달할 수 있는 목표점을 제시하기 위해 애써 수(手)제도를 하여 삽화하여 편집되도록 하였습니다. 이 교재의 순서는 도달할 목표점을 먼저 제시하였으며, 추후 숙달과 숙련이 된 후, 실전강화에 주력하였습니다.

애써주신 기획편집부 이하 좋은 기회에 선뜻 출간할 수 있게 해주신 크라운출판사 이상원 회장님께 감사드리며, 옆에서 함께 해주신 선생님께 감사드립니다.

책과 함께하신 여러분께 행운이 가득하시길 진심으로 바랍니다.

– 저자 드림

출제기준(실기)

직무분야	건설	중직무분야	조경	자격종목	조경기능사	적용기간	2017. 1. 1. ~ 2020.12.31.

○ 직무내용 : 자연환경과 인문환경에 대한 현장조사를 수행하여 기본구상 및 기본계획을 이해하고 부분적 실시설계를 이해하고, 현장여건을 고려하여 시공을 통해 조경 결과물을 도출하고 이를 관리하는 행위를 수행하는 직무

○ 수행준거 : 1. 대상지 주변의 현황을 분석할 수 있다.
2. 기본설계도를 보고 전체적인 도면의 내용을 파악하고, 도면에 따른 작업을 할 수 있다.
3. 조경용으로 사용되는 각종 식물재료의 생리적인 특성과 감별을 할 수 있다.
4. 기타 조경의 잔디시공, 원로포장, 수목의 식재, 정지와 전정, 돌쌓기, 지주목 세우기 등의 조경 시공작업과 관련된 작업을 할 수 있다.

실기검정방법	작업형	시험시간	3시간 30분 정도

실기과목명	주요항목	세부항목	
조경작업	1. 지형기반시설 설계	1. 포장 설계하기	
	2. 조경시설설계	1. 조경시설도면작성하기	
	3. 식재설계	1. 수종 선정하기	2. 수목식재 설계하기
		3. 지피 초화류 설계하기	4. 식재도면 작성하기
	4. 수목식재공사	1. 굴취하기	2. 수목 가식하기
		3. 식재기반 조성하기	4. 교목 식재하기
		5. 관목 식재하기	6. 지피 초화류 식재하기
	5. 잔디식재공사	1. 잔디 기반 조성하기	2. 잔디 식재하기
		3. 잔디 파종하기	
	6. 조경시설물공사	1. 옥외시설물 설치하기	
	7. 조경포장공사	1. 조립블록 포장 공사하기	
	8. 실내조경공사	1. 실내식물 식재하기	
	9. 정지전정관리	1. 굵은 가지치기	2. 가지 길이 줄이기
		3. 가지 솎기	4. 생울타리 다듬기
		5. 상록교목 수관 다듬기	6. 화목류 정지전정하기
		7. 형상수 만들기	8. 소나무류 순 자르기
	10. 초화류관리	1. 초화류 식재하기	2. 초화류 관수 관리하기
		3. 초화류 월동 관리하기	
	11. 잔디관리	1. 잔디 깎아주기	2. 잔디 관수하기
	12. 비배관리	1. 화학비료주기	2. 유기질비료주기
		3. 영양제 엽면 시비하기	4. 영양제 수간 주사하기
	13. 관수 및 기타 조경관리	1. 관수하기	2. 지주목 관리하기
		3. 멀칭 관리하기	4. 월동 관리하기
		5. 장비 유지 관리하기	6. 청결 유지 관리하기
		7. 실내 식물 관리하기	

시험당일 현장계획

1. 8시 30분 입실

   시험 개요 설명 및 판서

2. 9시 00분 제도시험 시작 (2시간 30분) : 배점 50점

   도면 : 2장 (규격 A3 : 일반 용지보다 약간 매끄러운 소재)

   평면도 1장 / 단면도 1장

   도면 왼쪽에는 각각의 코드번호가 있습니다. 8-1에는 평면도, 8-2에는 단면도 이런 식으로 설명해 줄 것입니다. 지시한 곳에 그려야 하며 도면은 원칙상 교체되지 않습니다.

3. 11시 30분 ~ 약간의 휴식시간이 있거나 바로 수목감별(동영상 빔프로젝트 동시 감별 – 시험장 조건에 따라 다름 / 1인 1컴퓨터 지급 시 : 개별조작가능)

   (20~30분 내외 시간소요)

   수목감별 시작 : 배점 10점

   문항수 : 20개

   한 문제당 – 대략 30초 내외의 시간이 주어지나 실제 체감되는 시간은 바로 보고 써야 함!

4. 12시 00분 내외 시공작업(주변 옥외 작업장으로 이동)

   (당일 수험생이 20명 내외임으로 출석인원에 따라 1시간 내외 시간지체 예상)

   시공과제 1 : 1조가 시공과제 1을 시공하는 동안 2조는 시공과제 2를 실시함

   시공과제 2 : 시공과제 2가 끝나면 1조와 작업내용을 교체함

5. 시험 종료시간

   작업환경 및 작업 진행에 따라 오후 1시 30분~오후 3시 00분까지 진행될 수 있음

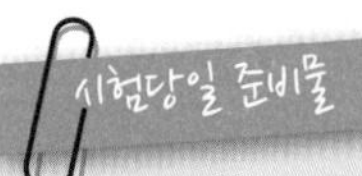

1. 제도시험 : ① 삼각자세트(45cm) ② 스케일바(자) ③ 샤프(심), 지우개
④ 마스킹테이프(종이테이프) ⑤ 검정볼펜

2. 수목감별 : ① 검정볼펜 ② 시력에 따라 돋보기(안경)

3. 시공과제 : ① 장갑 ② 작업복착용 ③ 줄자 ④ 개인에 따라 원서 출력 시 참조 준비물(권장하지 않음)

차례

Part 1

조경수목 감별

01. 조경수목 감별과제

- 평가문항 20개 중 목표 10개 이상!! – 만점 10점
- 평가방법 : 멀티미디어(동영상, 사진) 감별 – 컴퓨터 답안작성법
- 수목의 대상 : 국내 조경수목 2000여종 중 멀티미디어(컴퓨터 화상) 무작위 – 시행기관
  (대비요령 : 일상 및 시험장 주변의 수목사진을 휴대폰 촬영 후 지속적인 관찰 필요!)
  아래 수종은 꼭 알아야 할 수종의 극히 일부 – 10개 공략!

1개의 수목감별시간은 20초 이내이며, 체감되는 시간은 더 짧으니, 수목의 특징으로 신속한 결단력이 필요하다.
본 교재에서는 이러한 신속한 결단력을 위한 수목감별 체크포인트 위주로 구성하였다.

■ 유사수종 구별
전나무, 독일가문비, 주목의 구별

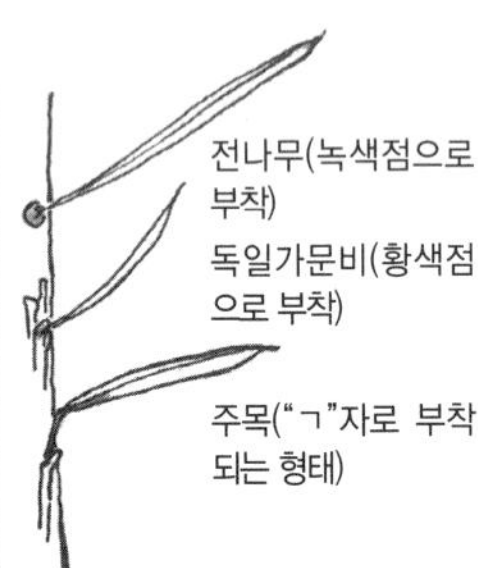

솔송나무

구상나무

히말라야시다

주목

전나무

독일가문비나무

금송(낙우송과)

2엽송

소나무–육송(적송)

해송(곰솔)

방크스소나무

3엽송(백.대.리?)

리기다소나무

대왕송

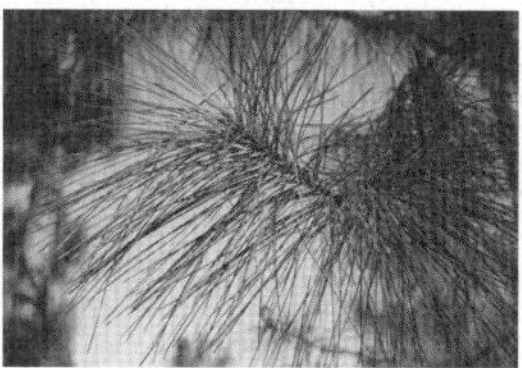

백송

소나무 비교사진

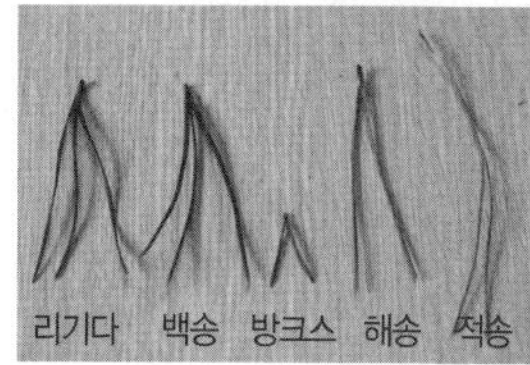

5엽송

잣나무(갈색수피)

스트로브잣나무(회색수피)

섬잣나무(오엽송)

측백

편백

화백

서양측백

삼나무

노간주나무

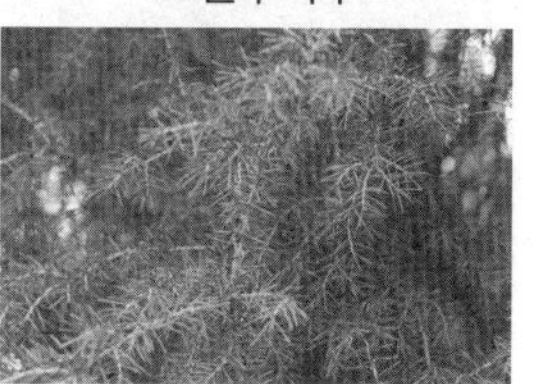

■ **유사수종 구별**
백대리? 김대리?
→ 3엽송나무 외우기
백송, 대왕송, 리기다소나무

■ 측백, 편백, 화백 구분

측백

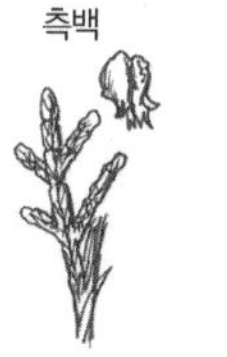

흰색선(기공조선) 없다

편백

Y자형 기공조선

화백

W자 기공조선

■ 서양측백과 측백
서양측백은 측백처럼 흰색선(기공조선)이 없으며 측백보다 더 넓고 납작하다.

■ 넓은 잎 구별법

참나무 - 넓은 형태

떡갈나무

신갈나무

갈참나무

졸참나무(가장작다)

■ 벚나무 구별

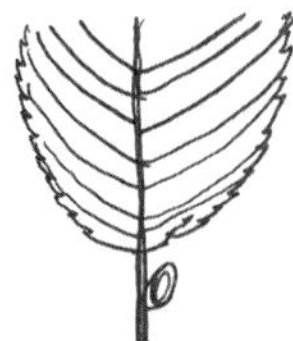

Tip 귀같은 혹이 있다.

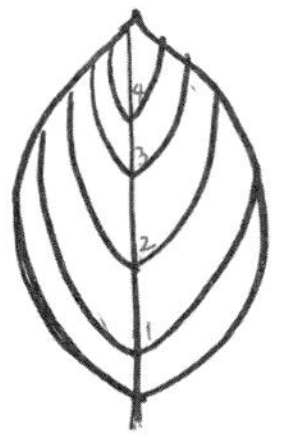

산딸나무 : 잎맥이 4~5쌍
산수유 : 12맥, 잎뒤에 노란때

참나무 - 좁은 형태

상수리나무(털없음, 잎맥 18~20개)

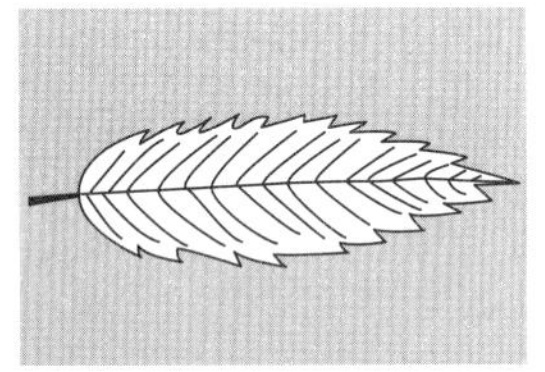

굴참나무(잎뒤 털있고, 은빛)

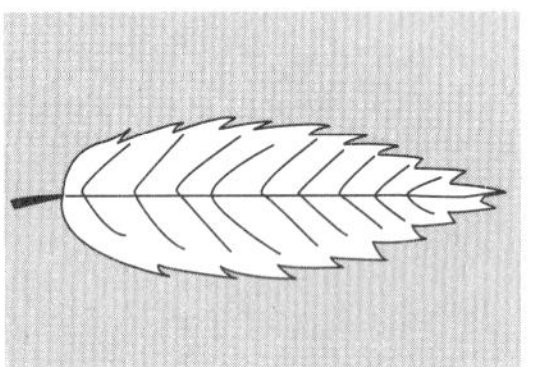

밤나무(잎맥 20개 이상)

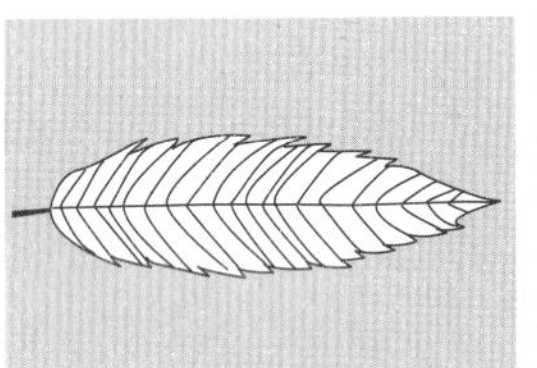

느티나무(大)

느릅나무(小)

벚나무

■ 꽃이 피는 수종은 개화시기와 색상을 익혀둡시다!
※ 황색 = 노란색

산딸나무

산사나무

서어나무

■ 동영상식 감별에 있어 개화시기 힌트에 주의합시다!
봄철개화 3~4월(5월초)
여름개화 6~8월말
가을개화 9~11월말
겨울개화 12~2월

산수유

층층나무(호생)

층층나무꽃

말채나무(잎맥대생)

석류나무

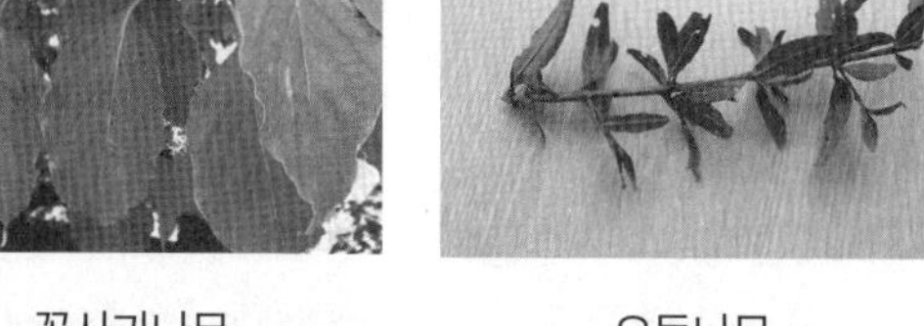

수수꽃다리

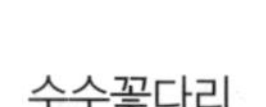

꽃사과나무

오동나무

벽오동나무

개오동나무

명자나무

매자나무

피라칸사(남부)

골담초(콩과)

(콩과식물)

아카시아

주엽나무

회화나무

등나무

자귀나무

박태기

■ 오동나무유사수종구별

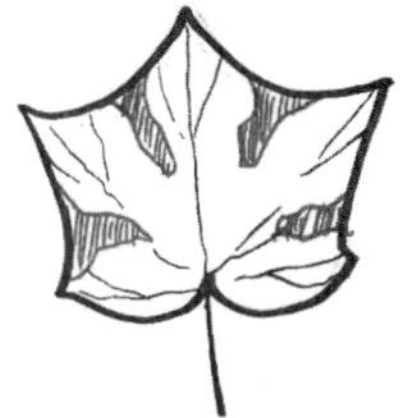

Tip 오동나무에 벽이 갈라지면?
→ 벽오동으로 쉽게 구별하기

■ 콩과 열매 비교

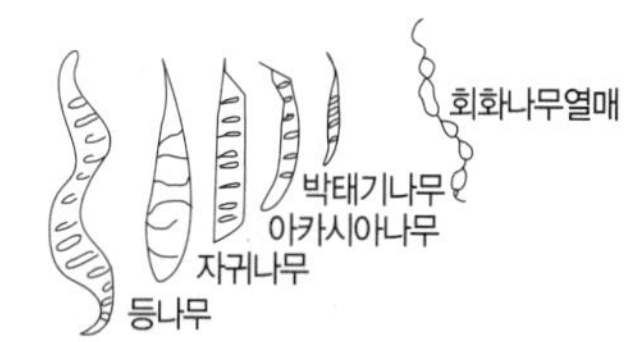

■ 아카시아, 회화, 주엽나무 비교

■ 주엽나무가시 사진

수수꽃다리(라일락)	계수나무	배롱나무(목백일홍)
모감주나무	낙우송(호생)	메타세콰이어(대생-마주나기)
낙엽송	무궁화	은행나무
개나리	철쭉	영산홍
진달래	조팝나무	이팝나무
자작나무	청단풍(7갈래)	복자기(단풍)나무 (3갈래)

■ 호생 – 어긋나기

대생 – 마주나기

■ 개나리 가지(구멍) 사진

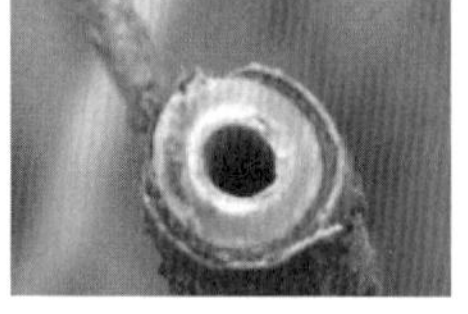

■ 진달래 : 꽃이 먼저 피고 잎이 남(참꽃) – 홑꽃

철쭉 : 잎이 나고 꽃이 핌(개꽃) – 통꽃

영산홍 : 잎이 상록성

당단풍(12갈래) 고로쇠나무(5갈래) 중국단풍(3갈래)

매화나무 모과나무 모과수피(얼룩)

오죽(검은대나무) 흰말채나무(적색수피) 이나무(열매)

황매화(죽단화)

적색열매(조류유도 식재) 사철나무, 낙상홍, 마가목, 피라칸사, 산수유나무, 산딸나무, 산사나무, 주목, 화살나무, 호랑가시나무(남부), 먼나무(남부), 남천(남부), 식나무(남부)

생울타리용

쥐똥나무 광나무 회양목

꽝꽝나무(남부) 화살나무 호랑가시나무(남부)

■ 남부수종은 (남부)로 표기 대전 위쪽 지역 거주자는 일상에서 남부수종을 관찰하기 어렵지만 "동영상 수목감별시험" 준비를 위해서는 본 책에서 다뤄지는 최소한의 남부수종은 알아둬야 한다.

호랑가시와 목서 비교

불두화

(남부수종)

돈나무

남천

아왜나무

태산목

홍가시나무(장미과)

가시나무(참나무과)中

종가시나무(참나무과)大

졸가시나무(참나무과)小

팔손이

(은)목서

동백나무

식나무

무화과

■ **아래는 남부지역 일상 주변에서 관찰할 수 있는 중요 조경수종**
사스레피나무, 먼나무, 녹나무, 서향, 다정큼나무, 치자나무, 협죽도, 비파나무, 후박나무 등등〈남부지역 시험장 주변 화단 공략!!〉

(만경목)

송악

담쟁이

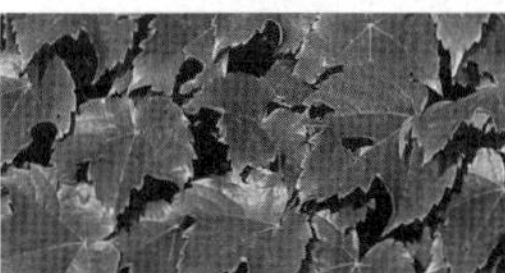

능소화

맥문동(지피)

■ 조경기능사 수목감별 표준수종 목록

• 한국산업인력공단 참조

순서	수목명	순서	수목명	순서	수목명	순서	수목명	순서	수목명
1	가막살나무	26	느티나무	51	백당나무	76	신갈나무	101	칠엽수
2	가시나무	27	능소화	52	백목련	77	신나무	102	태산목
3	카이즈카향나무	28	단풍나무	53	백송	78	아까시나무	103	탱자나무
4	갈참나무	29	담쟁이덩굴	54	버드나무	79	앵도나무	104	백합나무
5	감나무	30	당매자나무	55	벽오동	80	왕벚나무	105	팔손이
6	감탕나무	31	대추나무	56	병꽃나무	81	은행나무	106	팥배나무
7	개나리	32	독일가문비	57	보리수나무	82	이팝나무	107	팽나무
8	개비자나무	33	돈나무	58	복사나무	83	인동덩굴	108	피나무
9	개오동	34	동백나무	59	복자기	84	일본목련	109	피라칸다
10	계수나무	35	등	60	붉가시나무	85	자귀나무	110	해당화
11	골담초	36	때죽나무	61	사철나무	86	자작나무	111	향나무
12	곰솔	37	떡갈나무	62	산딸나무	87	작살나무	112	호두나무
13	광나무	38	마가목	63	산벚나무	88	잣나무	113	호랑가시나무
14	구상나무	39	말채나무	64	산사나무	89	전나무	114	화살나무
15	금목서	40	매화(실)나무	65	산수유	90	조릿대	115	회양목
16	금송	41	먼나무	66	산철쭉	91	졸참나무	116	회화나무
17	금식나무	42	메타세쿼이아	67	살구나무	92	주목	117	후박나무
18	꽃사과나무	43	모감주나무	68	상수리나무	93	중국단풍	118	흰말채나무
19	꽝꽝나무	44	모과나무	69	생강나무	94	쥐똥나무	119	히어리
20	낙상홍	45	무궁화	70	서어나무	95	진달래		
21	남천	46	물푸레나무	71	석류나무	96	쪽동백나무		※ 매화(실)나무는 매화나무 또는 매실나무 2가지 모두 정답 인정
22	노각나무	47	미선나무	72	소나무	97	참느릅나무		
23	노랑말채나무	48	박태기나무	73	수국	98	철쭉		
24	녹나무	49	반송	74	수수꽃다리	99	측백나무		
25	눈향나무	50	배롱나무	75	쉬땅나무	100	층층나무		

※ 해당 표준목록 범위와 명칭 기준을 준수, 해당 119 수종 범위에서 출제, 수험자 답안 작성 시 해당 수목명으로 작성하여야 정답으로 인정

컴퓨터 화상감별 수험자 화면 구성

〈화면설명 및 핵심체크〉 www.q-net.or.kr(한국산업인력공단 홈페이지)를 방문해봅시다.

- 기존에 수목의 일부를 채취하여 감별 → PC와 빔 프로젝트 활용 → 수목 이미지 파일
- 수험용 홍보 영상은 실제의 수험자용 화면과 차이가 있을 수 있습니다.

※ 홍보용 영상 화면설명

수험자는 화면을 제어할 수 없습니다.
빔 프로젝트로 시험을 보게 됩니다.
그림 ① : 문제번호와 수종에 대한 설명입니다.
그림 ② : 수종을 판단하기 위해 제공되는 수험 자료입니다. 슬라이드 방식으로 넘어갑니다.
그림 ③ : 문제번호 버튼입니다.
그림 ④ : 남은 시간을 표시합니다.
그림 ⑤ : 수험시작 버튼입니다.

〈수험용 홍보 영상 유의사항〉

- 실제 수험 장소에서 수험자는 프로그램을 제어할 수 없습니다.
- 10~20개 수종을 질문합니다.(변경될 수 있습니다)
- 한 수종당 2~6개의 사진이 제공됩니다(변경될 수 있습니다).
- 사진당 5초 정도 보여주게 됩니다.
- 해당 시험은 빔 프로젝트로 시행됩니다. 그러므로 수험자는 제공되는 화면을 보고 수종 이름을 제공되는 시험지에 작성합니다.
- 시험 시간은 20분입니다(변경될 수 있습니다).
- 홍보용 영상에서 사용되는 사진은 실제 시험 사진과 연관이 없습니다.

※대부분의 시험장 여건상(1인 1컴퓨터 미비로) 빔프로젝트 상영식 집단 수목감별로 대체하는 경우가 많습니다.

Part 2

조경제도

답안 I 평면도
답안 II 단면도
훑어보기
(경향분석)

01. 최근 문제 분석하기

- 필수장비 : 제도판(시험현장에 시설되어 있음), A3(규격 420X297mm)
- 개인지참필요용품 : 삼각자(40cm 내외) 1세트, 스케일바,
  템플릿 원형(수목표현용), 템플릿 사각(시설물 작성 시 추천드림)
  마스킹테이프 + 기타 샤프(0.5 권장) 및 필기구

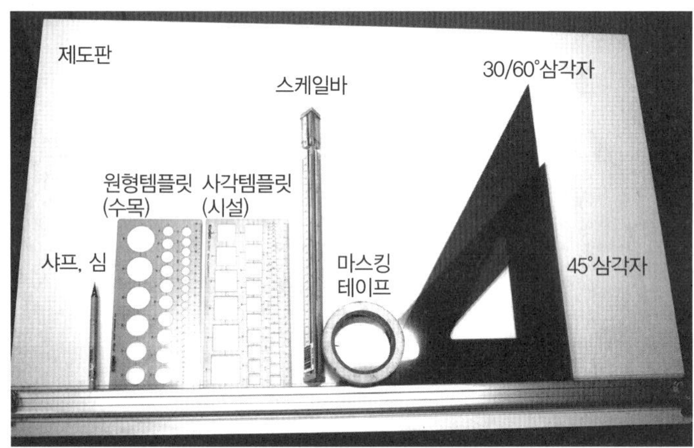

자 격 종 목	조경 기능사	작 품 명	조 경 작 업

비번호 조경기능사 실기 2014년 1회차 형(形)

시험시간 : 3시간 30분(제1과제 : 2시간 30분, 제2과제 : 1시간)

평면도와 단면도를 그려야 할 시간

시공

1. 요구사항
   * 주어진 과제별 별지의 문제에 따라 작업을 행한다.
   - ○ 제1과제 : 조경설계작업(50점)
   - ○ 제2과제 : 수목감별 및 조경시공작업(50점)

2. 수험자 유의사항
   가. 수험자는 각 문제의 제한시간 내에 작업을 완료하여야 합니다.
   나. 수목식별 시 한번 지나친 표본이나 실물을 다시 중복해서 볼 수 없습니다.

본 도면은 2014년, 2016년 출제된 문제입니다.

다. 지급된 재료는 재지급되지 않으므로 재료관리에 유의하여야 합니다.
라. 답안지의 수험자 성명과 수목명은 반드시 흑색필기구(연필 제외)로 작성, 그 외의 필기구를 사용할 때에는 채점대상에서 제외됩니다.
마. 조경설계 사항은 제도용 연필만을 사용해서 작성하여야 하며, 다른 필기구를 사용할 때는 채점 대상에서 제외됩니다.
바. 수험자는 수험시간 중 타인과의 대화를 금합니다.
사. 답안지는 여러 번 정정할 수 있고, 정정한 부분은 반드시 두 줄로 그어 표시하고, 줄을 긋지 아니한 답안은 수정하지 않은 것으로 채점합니다.
아. 수험자가 전 과정 조경설계, 수목감별, 조경시공 작업을 응시치 않으면 채점대상에서 제외합니다.
자. 수험자는 도면 작성 시 성명을 작성하는 곳을 제외하고 범례표(표제란)에 성명을 작성하지 않습니다.
차. 수험자는 작업 시 복장상태, 재료 및 공구 등의 정리정돈과 안전수칙 준수 등도 시험 중에 채점하므로 철저히 해야 합니다.

자 격 종 목	조경 기능사	작 품 명	조 경 작 업

비번호

실습시간 : 2시간 30분

평면도 2시간, 단면도 30분으로 완성될 수 있도록 연습하자!

1. 요구사항

우리나라 중부지역에 위치한 도로변의 빈 공간에 대한 조경설계를 하고자 한다. 주어진 현황도 및 아래 사항을 참조하여 설계조건에 따라 조경계획도를 작성한다(단, 2점 쇄선 안 부분을 조경설계 대상지로 한다).

남부수종은 제외한다.

1) 식재 평면도를 위주로 한 조경계획도를 축적 1/100로 작성하시오(지급용지-1).

1cm = 1m이다!

2) 도면 오른쪽 위에 작업명칭을 작성하시오.
3) 도면 오른쪽에는 "주요 시설물 수량표와 수목(식재) 수량표"를 함께 작성하고, 수량표 아래쪽 여백을 이용하여 "방위표시와 막대축척"을 반드시 그려 넣으시오(단, 전체 대상지의 길이를 고려하여 범례표의

문제의 "요구사항"들은 앞으로 본 교재를 통해 자연스럽게 조건이 충족될 것이다.

폭을 조정할 수 있다).

4) 도면의 전체적인 안정감을 위하여 "테두리선"을 작성하십시오.

5) 도로변 소공원 부지 내의 B~B' 단면도를 축적 1/100로 작성하시오(지급용지-2).

단면도 작성은 30분 이내에 완성되게 연습하자.

2. 설계조건

가시가 있는 나무는 안 됨

1) 해당 지역은 도로변의 자투리 공간을 이용하여 휴식 및 어린이들이 즐길 수 있는 도로변 소공원으로 공원의 특징을 고려하여 조경계획도를 작성하시오.

2) 포장지역을 제외한 곳에는 모두 식재를 실시하시오(단, 녹지공간은 빗금친 부분, 분위기를 고려하여 식재를 실시하시오).

될 수 있으면 제시된 포장을 사용하자.

3) 포장지역은 "점토벽돌, 화강석블록포장, 콘크리트, 고무칩, 마사토, 투수콘크리트 등" 적당한 재료를 선택하여 재료의 사용이 적합한 장소에 기호로 표현하고, 포장명칭을 반드시 기입하시오.

포장은 "콘크리트"
2칸 반 × 5칸 = 2.5m × 5m

4) "가" 지역은 주차공간으로 소형자동차(2,500×5,000mm) 2대가 주차할 수 있는 공간으로 계획하고 설계하시오.

회전무대, 시소, 정글짐 등등 자유롭게

5) "나" 지역은 놀이공간으로 계획하고, 그 안에 어린이 놀이시설물을 3종류로 배치하시오.

−60으로 적어야 하나, 전체 부지가 1m 높으므로(단면도 참조) → +40

6) "다" 지역은 수(水)공간으로 수심이 60cm 깊이로 설계하시오.

7) "라" 지역은 휴식공간으로 이용자들의 편안한 휴식을 위해 파고라(3,500×3,500mm) 1개와 주변에 앉을 수 있는 공간을 설계하시오.

중심부에 ×+100 표기

8) 대상지역은 진입구에 계단이 위치해 있으면 높이 차이가 1m 높은 것으로 보고 설계한다.

수피, 잎, 열매 등 수형 등이 예쁜 나무로 진입부 따위로 유도

그늘을 주는 나무

경관이 우수하도록 식재

9) 대상지 내에는 유도식재, 녹음식재, 경관식재, 소나무 군식 등의 식재 패턴을 필요한 곳에 배식하고, 필요에 따라 수목보호대를 추가로 설치하여 포장 내에 식재를 하시오.

규격이 다른 소나무 3종 사용

10) 수목은 아래에 주어진 수종 중에서 종류가 다른 10가지를 반드시 선정하여 골고루 안정적인 배식이 될 수 있도록 계획하며, 인출선을 이용하여 수량, 수종명칭, 규격을 반드시 표기하시오.

중부지역에 대한 설계이므로 남부수종은 제외한다.

소나무(H4.0×W2.0), 소나무(H3.0×W1.5), 소나무(H2.5×W1.2),
소나무 군식용
스트로브잣나무(H2.5×W1.2), 스트로브잣나무(H2.0×W1.0),
경계식재용
왕벚나무(H4.5×B15), 버즘나무(H3.5×B8), 느티나무(H3.0×R6), 청단풍(H2.5×R8),
유도, 녹음용 / 녹음용 / 녹음용 / 주차장 주변 안전식재
다정큼나무(H1.0×W0.6), 동백나무(H2.5×R8), 중국단풍(H2.5xR5),
남부 / 남부 / 녹음 및 경관용
굴거리나무(H2.5xW0.6), 자귀나무(H2.5×R6), 태산목(H1.5×W0.5),
남부 / 수경 주변 / 남부
먼나무(H2.0×R5), 산딸나무(H2.0×R5), 산수유(H2.5×R7), 꽃사과(H2.5×R5),
남부 / 경관 / 녹음, 경관 / 경관
수수꽃다리(H1.5×W0.6), 병꽃나무(H1.0×W0.4), 쥐똥나무(H1.0×W0.3),
관목 경관용 / 관목 / 경관용 / 생울타리용
명자나무(H0.6×W0.4), 산철쭉(H0.3×W0.4), 자산홍(H0.3×W0.3),
가시있음 / 관목 / 경관용 / 관목 / 경관용
영산홍(H0.3×W0.3), 조릿대(H0.6×7가지)
관목 / 경관용 / 남부

9) B-B' 단면도는 ①경사, 포장재료, ②경계선 및 기타 ③시설물의 기초, ④주변의 수목, ⑤중요 시설물, ⑥이용자 등을 단면도상에 반드시 표기하고 ⑦높이 차를 한눈에 볼 수 있도록 설계하시오.

① 높낮이
② 공간(부지)의 범위
③ 단면선이 닿는 부위의 시설물 기초(⊥ ⊥)
④ 단면의 주변 1~2칸 범위 내 주변수목
⑤ 거의 대부분의 시설물 모두
⑥ 사람
⑦ 좌표를 그림

〈아래 : 시험 제시된 현황도〉

1 : 200을 1 : 100으로 그리기
→ 즉, 1칸(1cm)는 1m다.

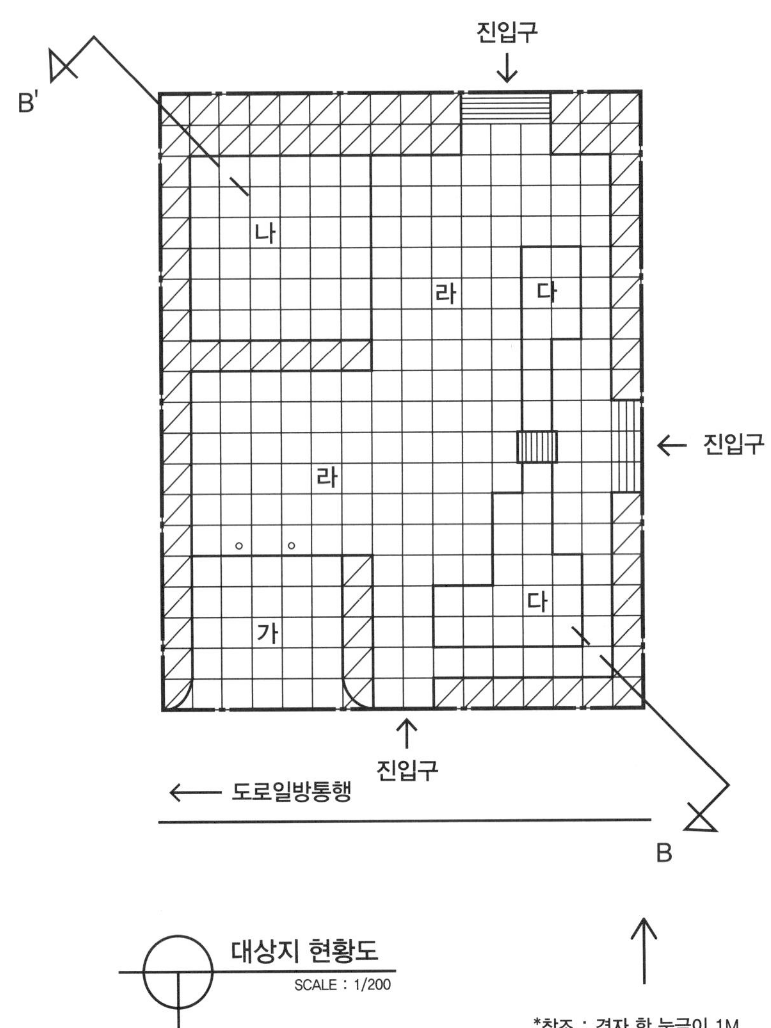

답안지 1 – 평면도(지급된 2번 A3 용지에 작성)

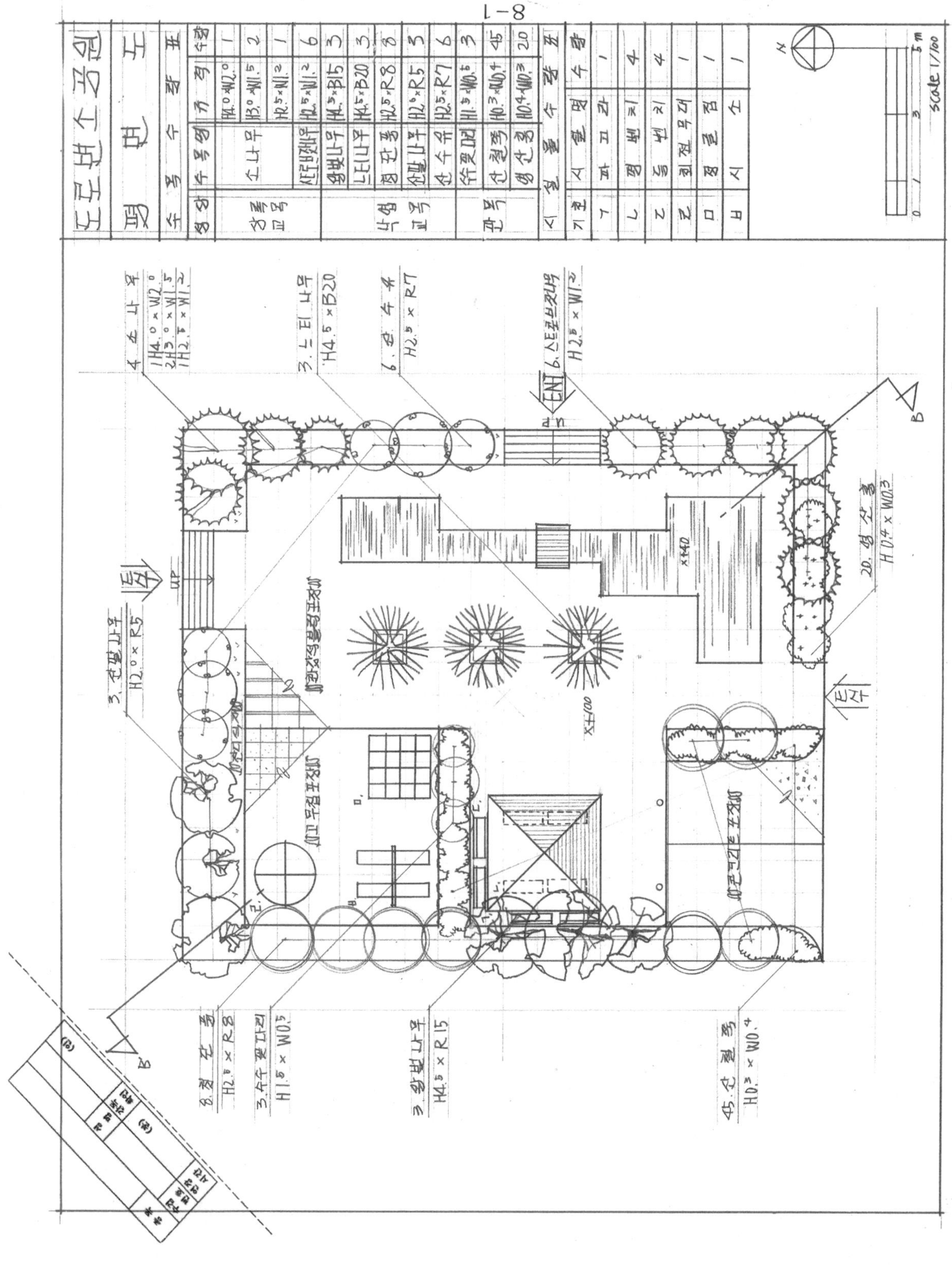

8-1

도로변 소공원

평면도

수목수량표

성상	수목명	규격	수량
상록교목	소나무	H4.0×W2.0	1
		H3.0×W1.5	2
		H2.5×W1.2	1
	스트로브잣나무	H2.5×W1.2	6
낙엽교목	왕벚나무	H4.5×B15	3
	느티나무	H4.5×B20	3
	청단풍	H2.5×R8	8
	산딸나무	H2.0×R5	3
	산수유	H2.5×R7	6
관목	수수꽃다리	H1.5×W0.5	3
	산철쭉	H0.3×W0.4	45
	영산홍	H0.4×W0.3	20

시설물수량표

기호	시설명	수량
ㄱ	파고라	1
ㄴ	평벤치	4
ㄷ	등벤치	4
ㄹ	회전무대	1
ㅁ	정글짐	1
ㅂ	시소	1

scale 1/100

답안지 2 – 단면도(지급된 2번 A3 용지에 작성)

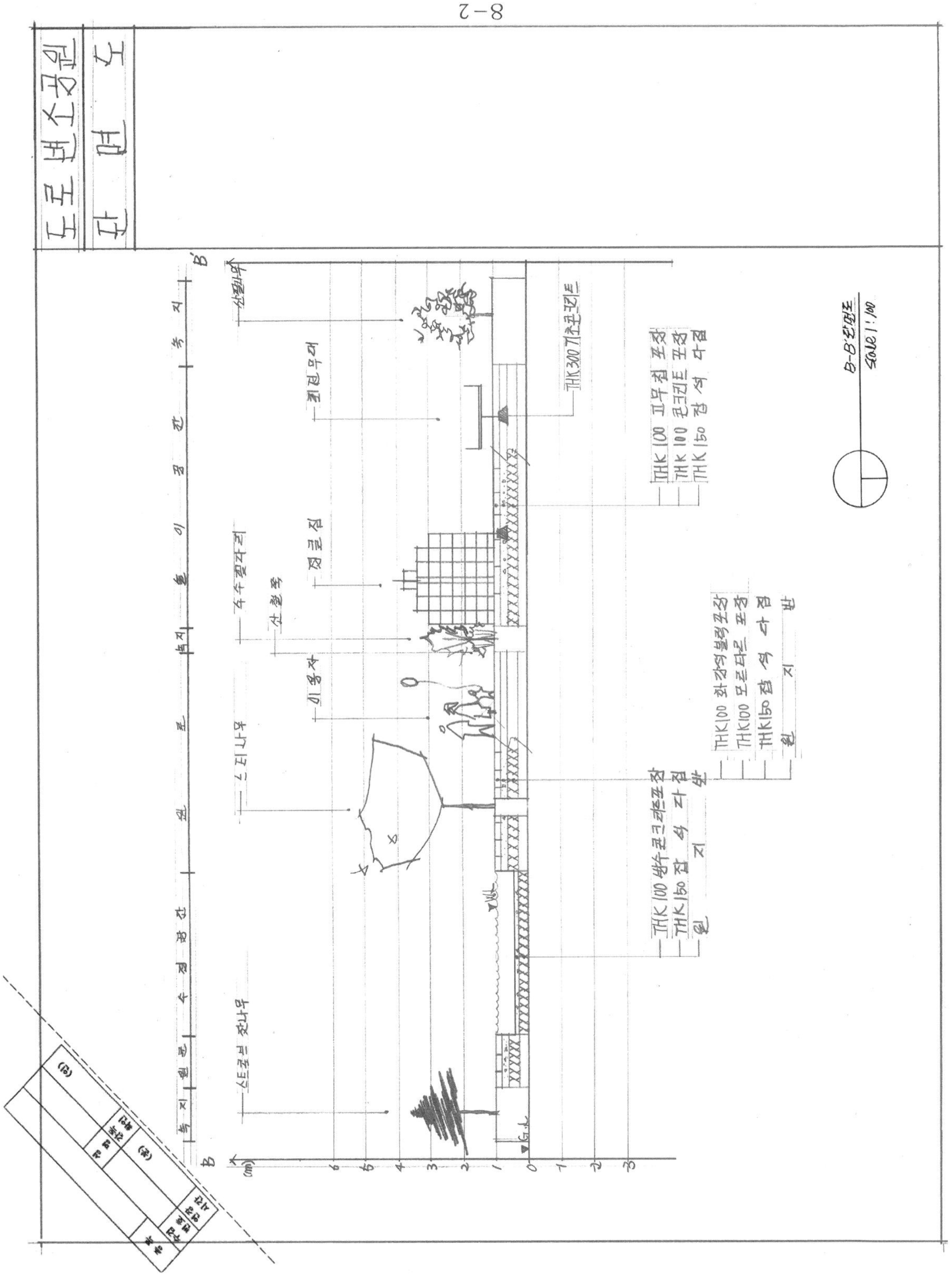

8-2

도로변 소공원

단면도

B-B' 단면도
SCALE 1:100

Part 3

조경제도의 시작과 기초제도 연습

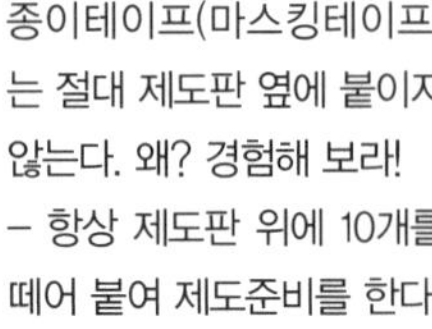

종이테이프(마스킹테이프)는 절대 제도판 옆에 붙이지 않는다. 왜? 경험해 보라!
– 항상 제도판 위에 10개를 떼어 붙여 제도준비를 한다.

▣ 제도용지 붙이기

0. 준비

시험장에서도 마찬가지로 종이테이프(이하 마스킹테이프)는 2cm 정도로 손으로 잘라서 제도판 상단 위에 10개 정도 붙혀서 준비한다.

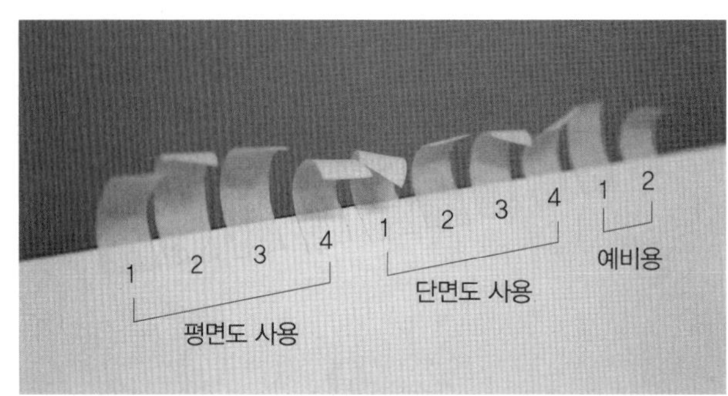

1. 도면위치잡기

제도판에 부착된 가로바(이하 수평바)를 위로 최소 2cm 올린 후 고정 (수평바는 항상 가로선을 긋거나 용지를 붙이는 기준선)

2. 도면 붙이기

종이를 가로바에 잘 부착한 후 도면용지에 모서리에 1cm 이하로 마스킹테이프를 단단히 붙힌다. 위에서부터 대각선으로 숫자 순서대로 팽팽히 붙인다.

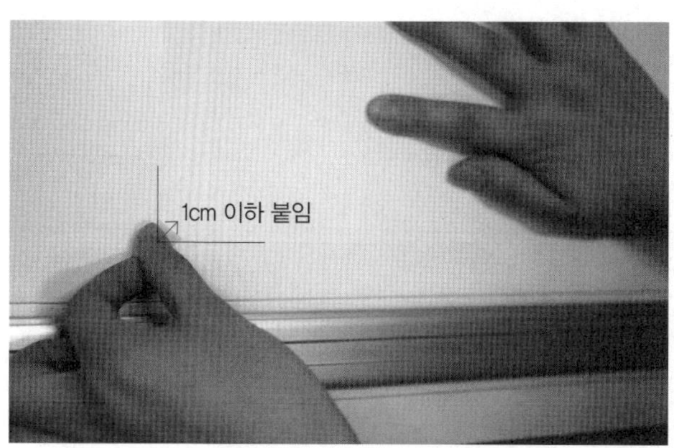

3. 윤곽선 그리기

도면의 4면 중앙부마다 삼각스케일(이하 스케일바)자로 1cm를 띄워 희미한 선(이하 보조선)으로 본인만 보일 정도로 표시한다(스케일바의 빨간색 라인에서 1/100은 보통의 cm자이며, 앞으로 쓰게 될 1cm가 1m인 1/100스케일이다).

앞으로 보조선은 본인만 보일 정도의 굵기와 선명도로 작성한다. 보조선은 도면을 다 그린 후에도 지우거나 하지 않는다. 보조선을 보기 좋게 잘 쓰는 사람이 수(手)제도를 잘하는 사람이다.

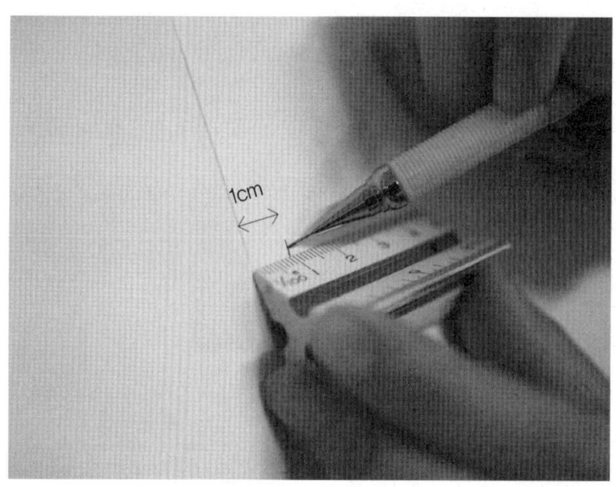

각각 4면의 표시한 선을 기준으로 가로선은 제도판 가로바(bar)를 사용하여 모서리 부분에 근접하여 –표시를 하며, 세로선은 가로바에 기댄 삼각자를 이용하여 ㅣ표시하면 보조선으로 연하게 십자 +가 그려진다.

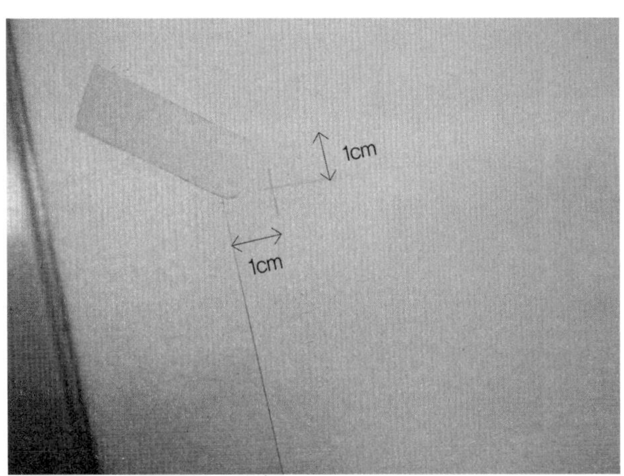

십자 + 보조선을 보면서, 처음과 끝을 알고 선명하게 진한 선을 그려서 윤곽선을 작성한다.

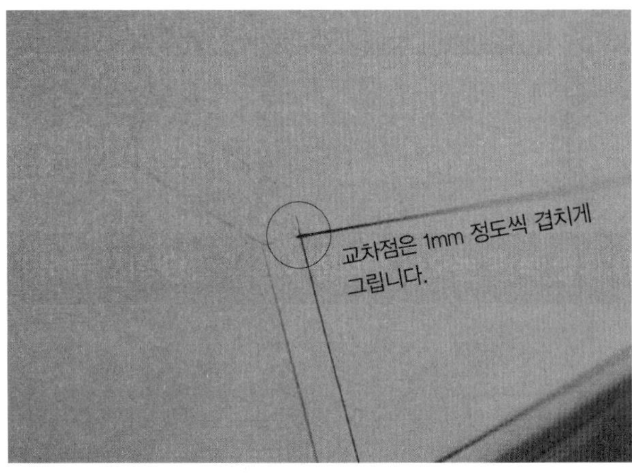

4. 표제란 그리기

0) 표제란 그리기의 준비

시험장의 도면은 채점하기 위해 왼쪽으로 철을 하기 때문에 표제란은 "최소크기"로 잡는다.

⇒ 표제란 권장 폭은 오른쪽에서 6.5~7cm로 한다.

1) 6.5cm를 띄워, 세로로 칸이 나누어지도록 긋는다.

2) 맨위부터 "설계명" 작성 – 1.5cm의 폭을 둔다.

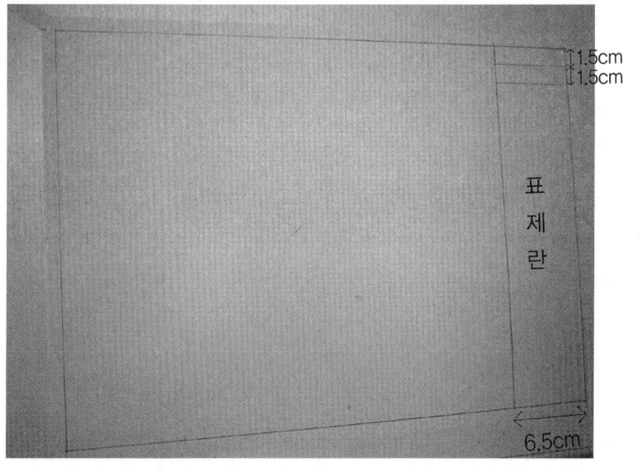

3) "도면명" 작성 – 추가로 1.5cm의 두께를 준다.

4) 수목수량표 그리기 – 줄마다 1~0.5cm의 두께를 준다(권장은 0.7cm 정도).

표제란을 그리면서 수목수량표는 시험시작과 동시에 바로 작성하여 완성하도록 한다(아래 추천 답안 "수목수량표"참조).

작성 시 유의할 점 : 글자를 쓸 때는 항상 (세로/가로) 보조선을 긋도록 한다.

(보조선은 지우지 않습니다)

0.7cm 두께로 그리기 힘들죠? 그럼 1/600 자의 한 눈금으로 그리시면 대략 0.7cm 정도 된다. 일례로 1cm로 그리게 되면, "시설명" 이 너무 아래로 내려갈 수 있다.

표제란에 있어 조심해야 할 부분은 "10종 이상 그려라" 라고 하면 14줄을 그리면 된다. (즉 +4줄) 추가된 4줄은 ① 수목수량표 한줄, ② 성상 및 수목명 규격 수량 한줄, ③ 소나무는 항상 군식으로 3가지 규격을 다 적어 넣는다. 그럼 두 줄이 늘어나게 된다.

→ "보조선" 그리기 꼭 해야 하나요?

네, 귀찮아도 세 살 버릇 여든간다고 ~ 기능사 버릇 기사 때까지 갑니다.

수목 선정하기

문제에서 단서 1 "중부지방"이라고 나와 있으면 남부와 한대수종은 안 됩니다. 아래의 최근 기출문제에 나오는 남부수종은 꼭 기억해둡시다!!

시험지 [견본] 대표수종 – 바뀐다고 하더라도 조금 변합니다.

남부수종 – 밑줄 친 남부수종은 쓰지 맙시다!

■ 관목과 교목?
관목 – 키가 낮고 다간(가지가 여러 개로 나온 형태)으로 수형을 갖고 있는 나무
☞ 나무의 이름을 모를 땐 1.5m 이하 수종은 눈치껏 관목으로 생각하는 요령도 필요할 듯…

소나무(H4.0xW2.0), 소나무(H3.0xW1.5), 소나무(H2.5xW1.2), 스트로브잣나무(H2.5xW1.2), 스트로브잣나무(H2.0xW1.0), 왕벚나무(H4.5xB15), 버즘나무(H3.5xB8), 느티나무(H4.5xR20), 청단풍(H2.5xR8), 다정큼나무(H1.0xW0.6), 동백나무(H2.5xR8) 중국단풍(H2.5xR5), 굴거리나무(H2.5xW0.6), 자귀나무(H2.5xR6), 태산목(H1.5xW0.5), 먼나무(H2.0xR5), 산딸나무(H2.0xR5), 산수유(H2.5xR7), 꽃사과(H2.5xR5), 수수꽃다리(H1.5xW0.6), 병꽃나무(H1.0xW0.4), 쥐똥나무(H1.0xW0.3), 명자나무(H0.6xW0.4), 산철쭉(H0.3xW0.4), 자산홍(H0.3xW0.3), 영산홍(H0.3xW0.3), 조릿대(H0.6x7가지)

가시 있어서 안 됨 (← 명자나무)

기능별로 수목 선택하기

기능 구별	정의	수종요구특성	적용수종	비고
경계 식재	부지 주변 둘레를 감싸는 식재	1. 잎가지 치밀/ 전정 강함 2. 아랫가지 잘 말라 죽지 않는 상록수 3. 생장 빠르며, 유지 관리 용이	추천: 스트로브잣나무 (아래는 보기 이외 수종) 사철나무, 서양측백, 화백, 명자나무, 자작나무, 스트로브잣나무, 잣나무, 참나무류 등	
녹음 식재	그늘을 주는 식재	1. 지하고가 높은 낙엽활엽수 2. 병해충, 기타 유해요소 적은 수종(깨끗한 수종)	추천: 벚나무, 버즘나무, 느티나무 자귀나무(수경시설 주변 추천) (아래는 보기 이외 수종) 은행나무, 백합나무(튤립나무), 칠엽수, 일본목련, 물푸레나무, 느릅나무 등	
요점 식재	수형, 꽃 등이 아름다운 수종	1. 꽃, 열매, 단풍이 특징적인 수종 2. 수형이 단정하고 아름다운 수종 3. 강조(악센트)요소가 있는 수종	추천: 소나무 군식(규격별) 산수유, 청단풍, 중국단풍, 꽃사과 (아래는 보기 이외 수종) 홍단풍, 단풍나무류, 반송, 주목, 섬잣나무, 배롱나무, 모과나무 등	
차폐 식재	눈을 가리는 식재	1. 지하고가 낮은 수종 2. 잎가지 치밀/전정 강함 3. 아랫가지가 잘 말라 죽지 않는 상록수 4. 유지 관리 용이	추천: 쥐똥나무, 명자나무 (아래는 보기 이외 수종) 사철나무, 서양측백, 화백, 옥향, 눈향나무, 눈주목	

관목 : 수수꽃다리(관목이면서 교목모양), 병꽃나무, 쥐똥나무, 명자나무, 산철쭉, 자산홍, 영산홍을 추천드립니다.

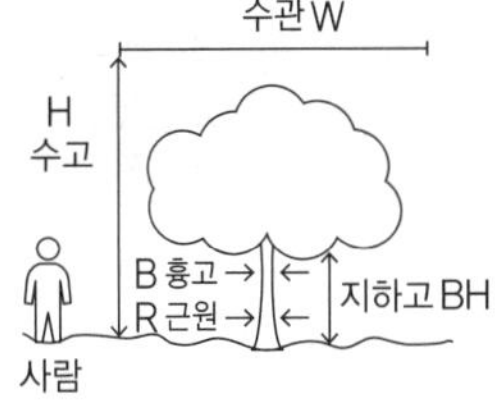

"어린이들이 사용하는" 이란 말이 있으면 가시가 있는 명자나무는 제외한다.

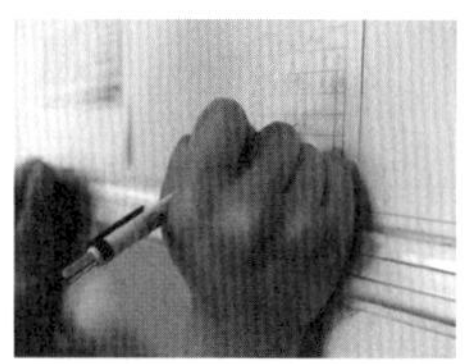

표제란에 깨끗하게 글씨 쓰는 요령
위 그림과 같이 제도판(수평자) 위에 손을 얹은 상태에서 쓰면 깔끔하게 작성할 수 있다.
– 제도판 자를 이동할 때는 살짝 들어서 이동하는 습관이 필요하다(이동하는 동안 수평자와 삼각자가 종이를 긁으면 더러워진다).

우측(그림) 수목수량표의 "수량"참조
"최근 수목 단위를 적으라는 문제가 있다"
→ 안 적어도 무방하나
→ "수량(주)"라고 작성하면 된다.
예 "12주"라고 적어도 된다.

시설물 수량표를 그릴 때 규격은 표시하지 않아도 되나요?
일단 시간이 많이 부족하므로 시간 안배를 위해 하지 않겠다. 시간에 자신 있으신 분은 넣으시면 더 좋겠지만, 정해진 시간 내에 완성하기 어렵다.

여기까지 표제란 그리기가 익숙해질 때까지 4번 반복해서 연습한다.

추천 답안:

수 목 수 량 표			
성상	수목명	규격	수량(주)
상록교목	소나무	H4.0 x W2.0	
		H3.0 x W1.5	수
		H2.5 x W1.2	량
	스트로브잣나무	H2.5 x W1.2	은
낙엽교목	느티나무	H4.5 x R20	
	왕벚나무	H4.5 x B15	일
	청단풍	H2.5 x R8	단
	자귀나무	H2.5 x R6	비
	산딸나무	H4.0 x B20	워
	산수유	H2.5 x R7	둠
관목	산철쭉	H0.3 x W0.4	
	자산홍	H0.3 x W0.3	

6.5cm

1.5cm | 2cm | 2cm | 1cm

5) 시설물수량표 그리기

① 기호, ② 시설명, ③ 수량으로 구분한다.

각각의 치수는 편의대로 보기 좋게 정하면 된다. 권장하는 치수는

시설물수량표					
부호	시설명	수량	부호	시설명	수량
ㄱ	파고라	1	ㅁ	정글짐	1
ㄴ	휴지통	2	ㅂ	시소	1
ㄷ	벤치	3	ㅅ	회전무대	1
ㄹ	등벤치	4	-	-	-
1cm	1.25cm	1cm	1cm	1.25cm	1cm

6) 방위표 및 축척막대 그리기

방위표(원형템플릿–17사용)

0–1–3–5m(스케일바 빨간라인 1/100에서 센티미터로 그리면 됨)

수목 수량표 그리기 연습(A3 사이즈 종이)

도로변소공원설계			
평 면 도			
수 목 수 량 표			
성상	수목명	규 격	수량
상록교목	소나무	H4.0×W2.0	
	소나무	H3.0×W1.5	
	소나무	H2.5×W1.2	
	스트로브잣나무	H2.5×W1.2	
낙엽교목	왕벚나무	H4.5×B1.5	
	느티나무	H4.5×R20	
	청단풍	H2.5×R8	
	자귀나무	H2.5×R6	
	산딸나무	H2.0×R5	
	산수유	H2.5×R7	
관목	산철쭉	H0.3×W0.4	
	영산홍	H0.4×W0.3	

시 설 물 수 량 표					
부호	시설명	수량	부호	시설명	수량
ㄱ	회전무대		ㄹ	파고라	
ㄴ	정 글		ㅁ	등벤치	
ㄷ	시 소		ㅂ	평벤치	

N

0 1 3 5m

SCALE 1:100

스케일바 그리기

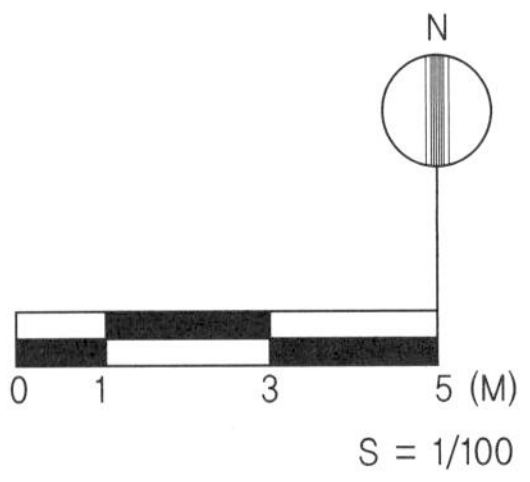

5. 현황도 도면 그리기

1) 도면의 중심잡기

보조선을 이용하여 그림과 같이 중심 x 자를 긋는다.

2) 도면의 x자를 기준으로 시험문제지에서 현황도의 전체 면적의 칸 갯수를 파악한다.

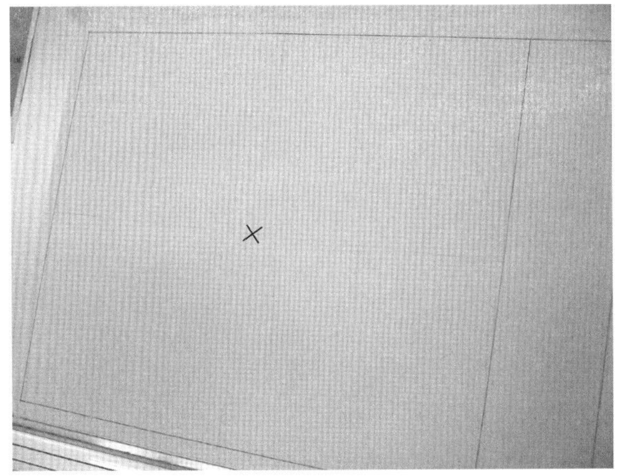

예를 들어, 가로 20칸과 세로 16칸의 현황도가 제시된다면 표시된 x를 중심으로 세로는 아래로 8칸 위로 8칸 표시하고 그리며, 가로(그림 A 참

조)는 왼쪽으로 10칸 오른쪽으로 10칸으로 표시하고 그리면 된다.

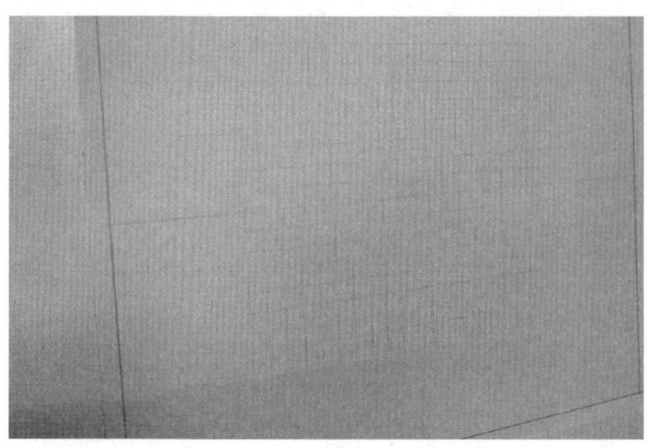

3) 문제지(현황도)에 표시된 대로 "1/200이지만, 1칸은 1m이다"라고 적혀 있다.
   결론은 1/100 스케일자에서 빨간라인 일반적인 1cm는 1m로 보며, 1cm 칸을 그리면 된다.
4) 도면의 최외곽선은 1점쇄선 혹은 2점쇄선으로 그린다.

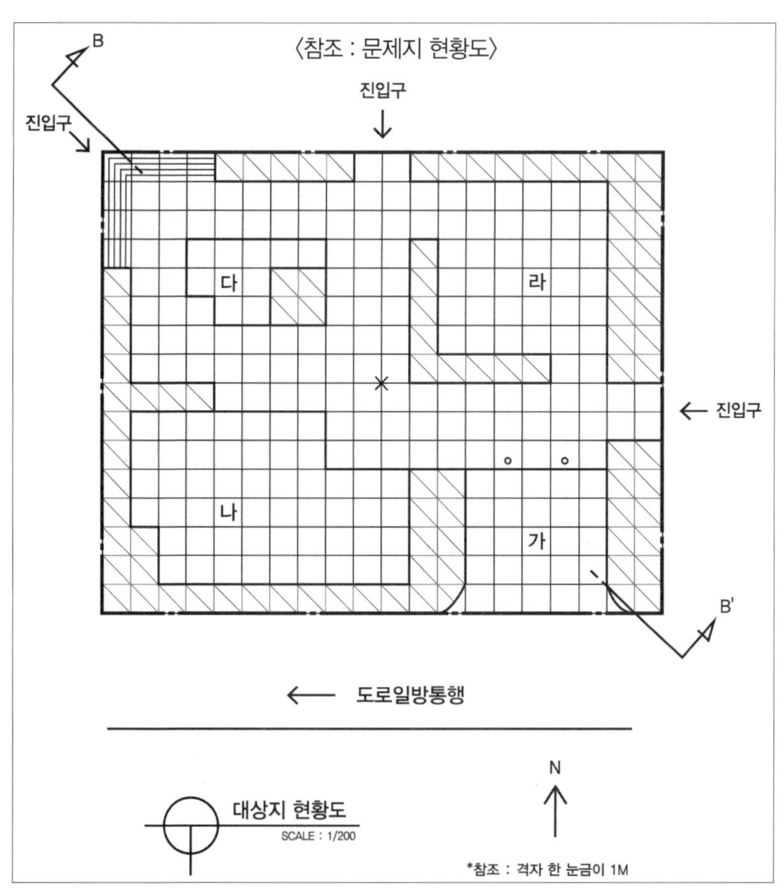

복잡한거 싫어하시는 분은 1cm = 1m이다.

1점 쇄선, 2점 쇄선 그리기 tip을 드린다면 가장 굵은 실선으로 그린 후, 나중에 시간이 남으면 샤프 뒤 지우개를 이용하여 지우길 바란다.

수목수량표가 먼저 작성되든 현황도가 먼저 작성되든 상관 없다. 현황도와 수목수량표가 완성되는 여기까지 최대 50분이 넘지 않도록 시간 안배가 되도록 연습하셔야 한다.

2점쇄선 밖은 그리지 않으셔도 된다.

여기까지 30~40분 이내 현황도를 완성하고 수목 수량 표가 작성되어야 합니다.

5) 모든 2점쇄선 안의 현황도 그림을 제도하여야 하며, 빗금 친 부분을 녹지로 인식하고 제도로 빗면을 그리지 않는다.

〈아래는 수제로 완성된 도면〉

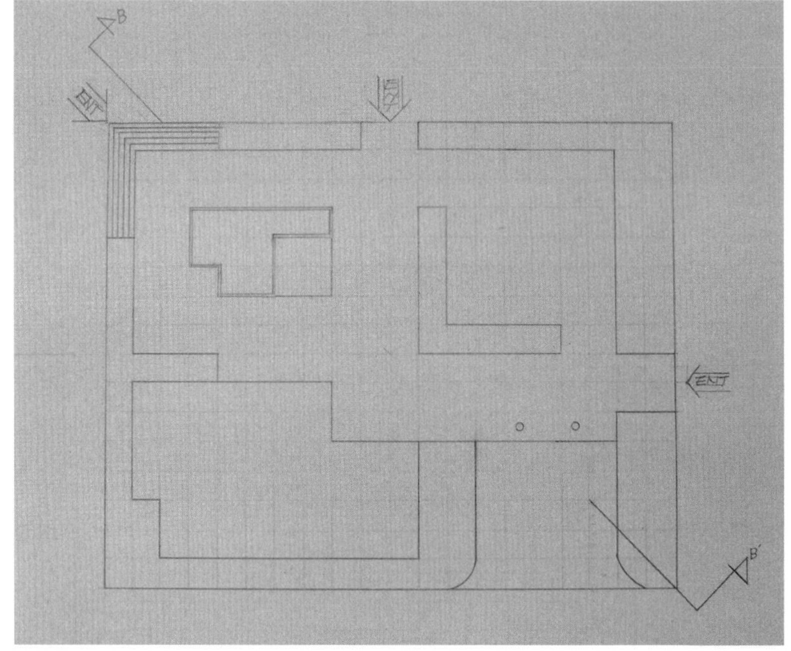

02. 평면도 작성의 순서 및 시간관리

1. 실제도면을 분석하여 도면의 작성 과정 보기(평면도 그리기 – 답안지 1)
   도면의 작성순서는 다음과 같다.

	종이붙이기와 준비	소요시간	누적시간
1	수목수량표작성 및 현황도 그리기	최대 40분이내	40분 소요

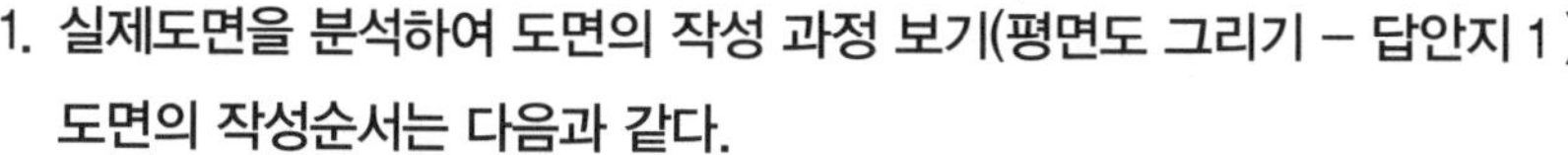

2	구획된 가, 나, 다, 라 공간별로 시설물 그리기 → 시설물수량표 그리기 – 도면의 시설물마다 기호 적어넣기	20~30분	~1시간 10분 소요

3	포장 바닥 그리기 – 재료명 적기 부지별 높낮이 표현하기 – 레벨 예) 1m 높은 곳은 x +1000이라 적는다.	15~20분	~1시간 30분 소요

4	수목 원형 그리기 + 관목 표현하기 수목 지시선 그리기 먼저 그려진 수목수량표에 수량부분 완성하기	20~40분	~2시간 소요

5	단면도 그리기 남는 시간 동안 수목 표현하기 / 요구조건 점검	30분	~2시간 30분 소요

- 시설물수량표는 시설물을 다 그린 후 작성한다.
- 제도를 깔끔히 그리는 요령으로 손을 제도판 가로바 위에 놓고 글씨를 쓴다.

예) 1m 높은 곳은 x +100이라 적는다.

수목표현은 점수가 크다. 하지만 시간 안배상 시간이 남을 경우에 그리도록 한다.

03. 단면도의 작성

1. 단면도 그리기 – 답안지 2

〈그림〉은 아래 평면도가 깔려진 상태에서 새로운 종이(단면도를 작성할 종이)를 겹쳐붙인 사진이다.

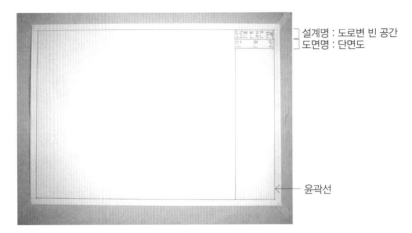

1) 도면윤곽선 그리기 및 설계명, 도면명, 중심표시까지만 그려 낸다.

요령 1) 완성된 평면도 위에 가지런히 종이를 겹쳐서, 아래에 비춰진 윤곽선의 위치로 빠르게 그려 낸다. 다 그린 후 바로 답안지 1과 답안지 2번을 모두 떼낸다.

2) 답안지 1 (평면도)에서 단면도 표시부분의 뾰족한 부분의 4자 모양이 항상 위를 향한 상태로 제도판의 상단에서 대략 20cm 내외에 단면선이 위치하도록 수평으로 부착한다.

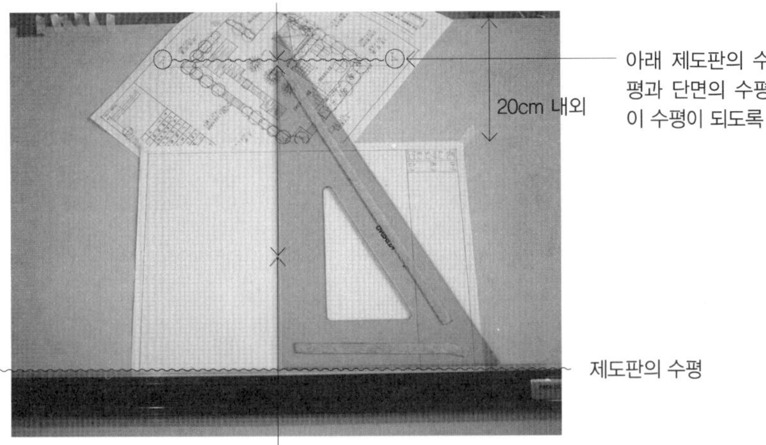

3) 윤곽선이 그려진 답안지 2의 중심 표시와 답안지 1의 중심표시가 가지런히 놓여지게 놓고 수직과 수평이 잘 맞도록 붙인다.

4) 이제 단면도의 레벨 "0" 바닥을 그려야 한다.
"0"이 되는 지점은 도면 2의 중심 x에서 아래에 잡는 것이 좋다.
높낮이와 바닥을 설정하기 위해 그림과 같이 좌우 부지폭만큼 보조선을 긋고, 바닥을 보조선과 진한선으로 한번씩 윤곽을 잡아가며 그려낸다.

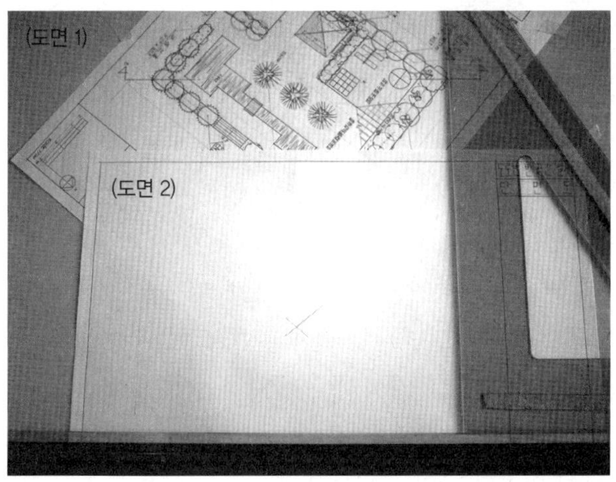

5) 좌표는 부지폭보다 여유를 1cm씩 준다.
좌표에는 아래로 -3, 위로 최소 +5m단위를 작성해 준다.

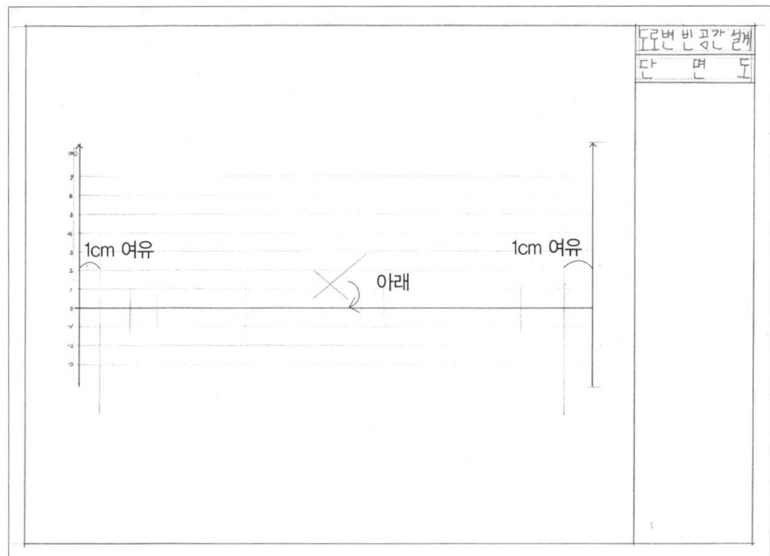

6) 바닥을 기준으로 삼각자를 이용하여, 부지의 폭을 잡아 준다.
   완성된 평면도(도면1)를 기준으로 단면도 선이 표시된 B–B′(혹은 B′–B)를 삼각자로 대어가며 포장이 변하는 곳마다 보조선으로 단면도(도면2)에 표시해준다. 포장내용을 표현하고 포장 두께와 내용을 작성하면 된다.
7) 삼각자를 이용하여 각 공간별로 시설물의 폭으로 보조선을 내려서 단면도를 그린다.
   (문제에서 "중요시설물을 작성하시오"라고 되어 있으나, 대부분이 중요시설물에 속하므로 단면도에 걸쳐지는 선에 닿는 시설물을 기준으로 작성하고, 닿는 시설물이 없다면 윗부분에 있는 시설을 당겨서 그려도 된다)
   단면도 작성 시 시설물의 높이는 작성자가 이론적으로 생각되는 높이를 정하면서 그린다.
   (시설단면도의 연습은 뒷장에서 따로 하겠다)
8) 수목의 단면도 – 시설물 단면과 동일하게 삼각자를 이용 폭과 높이를 정해서 단면도를 그린다. 문제에서 "수목은 주변수목을 작성하시오"라고 되어 있으므로 단면도 연장선(B–B′)에 닿는 수목을 기준으로 하고, 닿는 수목이 없다면 단면도 윗부분에 있는 수목을 당겨서 그린다.

단면도 선이 닿지 않는다고 아예 그리지 않는 잔꾀를 부리는 수험생이 있는데, 중요 시설물을 그리라고 하니 감점 사항이다.

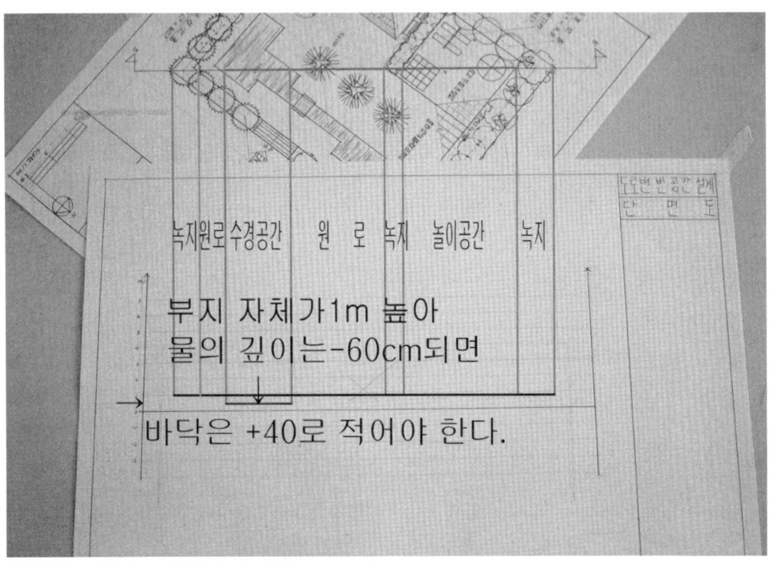

9) 단면도의 바닥에는 G.L, 수경공간 물표면에는 W.L 표시를 한다.
10) 단면도 하단 오른쪽에 단면 도면 번호란과 스케일을 적는다. 완성!

2. 포장두께에 대한 설명

모든 포장의 표현은 상세도로 따로 나타내어야 하나, 시간적 안배를 위해 대략의 스케일감으로 1cm (1m) 이내에서 다 표현되도록 한다.
많이 쓰는 표현은 아래와 같이 두께 설정을 추천한다.

소형고압블럭 (점토블럭, 블럭류)	시멘트 (콘크리트, 황토, 아스콘류)	모래 (마사토, 포설류)	고무칩 및 탄성포장류/ 기타 포장 종류 (새로운 제시)
THK60 소형고압블럭 THK100 모래 THK150 잡석다짐 원지반	THK100 시멘트 THK150 잡석다짐 원지반	THK60 모래 THK100 콘크리트 (생략가능) THK150 잡석다짐 원지반	THK100 OOOOOOO (미상의 포장재료 적용시) THK100 콘크리트 THK150 잡석다짐 원지반

기본적인 룰을 지키는 한도 내에서 포장의 두께나 종류는 설계자의 창의성이라 보고 자유롭게 바꿔 사용해도 되므로 억지로 외우는 것보다 숙달되도록 해야 한다.

완성된 도면은 p26을 다시 참조합시다!

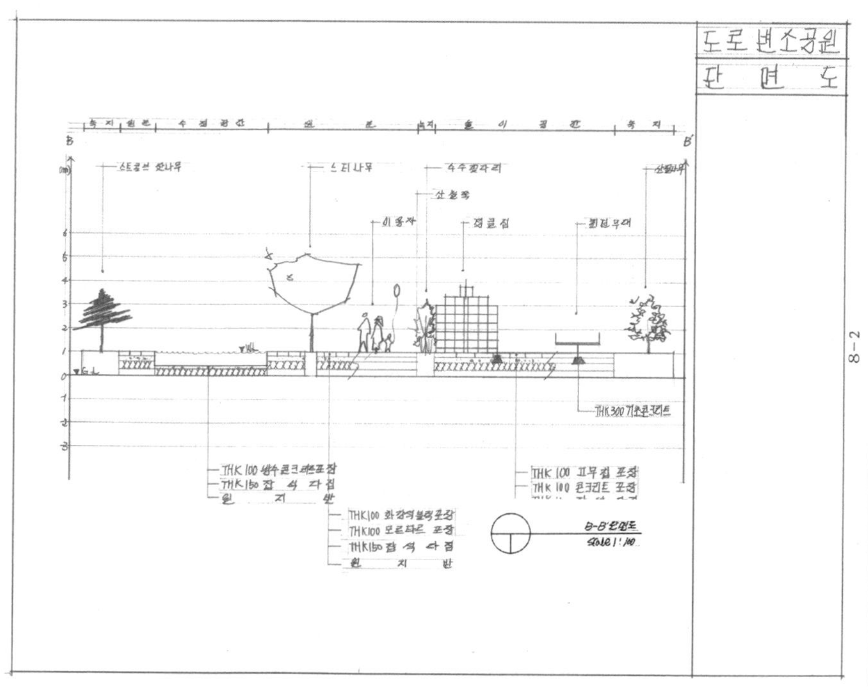

MEMO

Part 4

기초제도 익히기

01. 기초제도 익히기

자!! 여기서부터 처음이라 생각하고 차근차근 하나씩 배워나가 봅시다!

1. 선긋기 연습 : 제도 기초과제

- 선긋기는 제도의 기본 중 기본이면서 제도의 완성이라고 할 만큼 중요한 기초자질입니다.
  열심히 연습하시길 바랍니다.
- 윤곽선은 앞서 논의한 대로 도면의 4면 중앙마다 삼각스케일(이하 스케일바)자로 1cm를 띄워 희미한 선(이하 보조선)으로 본인만 보일 정도로 표시한다(스케일바의 빨간색 라인에서 1/100은 보통의 cm 자이며, 앞으로 쓰게 될 1cm가 1m인 1/100스케일이다).
  4면의 각각의 표시한 선을 기준으로 가로선은 제도판 가로바로 모서리 부분에 근접하여 표시하며, 세로선은 가로바에 기댄 삼각자를 이용하여 표시한다. 이렇게 보조선은 4면 꼭지점에 십자 + 보조선 4개를 만들게 된다.
  십자 + 보조선을 보면서, 처음과 끝을 알고 선명하게 진한선을 그려서 윤곽선을 작성한다.

선긋기 연습(A3 사이즈 종이)

① 모든 윤곽선에 1cm씩 표시하여, 바둑판을 그리는 연습을 한다.

② 선은 굵고 진하게 연습한다. 모든 선들은 윤곽선에 1mm 정도 교차하도록 수(手)제도 습관을 들이도록 한다.

③ 최소 5장은 그려서 익혀야 한다.

④ 그린 바둑판 그리기의 굵기나 한 칸의 크기가 고른지 확인하고, 1칸이 1㎠임을 알아야 한다.

본안의 도면이 기계가 그린 것처럼 되었는지 확인해 보자.

⑤ 잘 그린 바둑판에 보조선을 그어 보자. 1cm의 반 0.5cm씩 갈라본다. 이때 한번만 치수를 재고 작성하되, 나머지는 눈으로 감을 잡아가면서 나누어 본다.
보조선은 굵은 선에서 힘만 빼면 된다.

⑥ 모눈종이 완성(보조선을 그려 넣으면 모눈종이가 된다).

보조선 연습

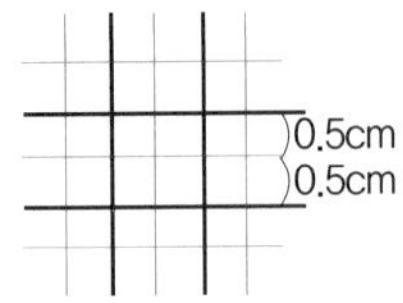

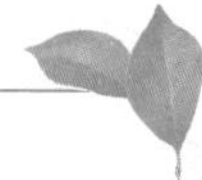

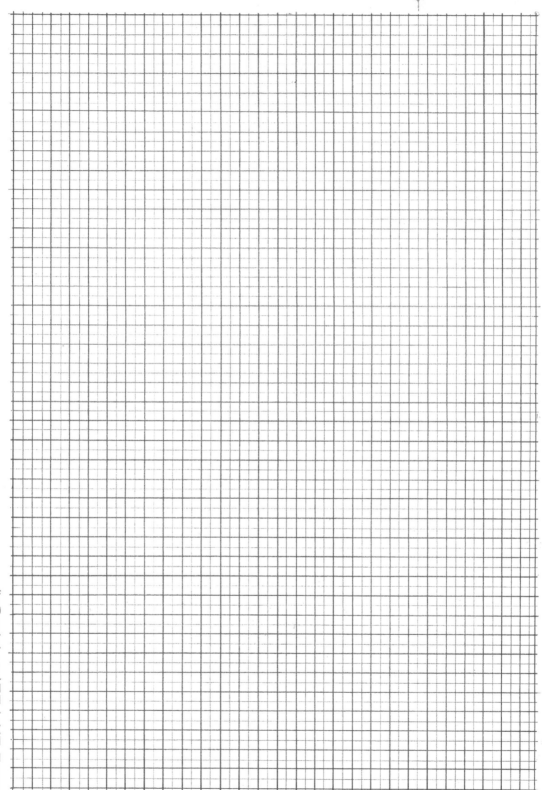

보조선 선긋기 연습(A3 사이즈 종이)

2. 레터링(제도용 글씨쓰기)의 연습 : 제도 기초과제

① 윤곽선을 1cm씩 띄워 그린다.

② 줄공책을 만드는 식으로 1cm짜리 줄공책을 만든다.

③ 다 만든 줄공책에 아래위로 보조선을 2mm씩 띄워서 글씨 쓸 공간을 만든다.

④ 앞으로 보조선은 눈대중으로 잘 그어 본다. 빠르게 글자 보조선을 긋는 연습이다.

⑤ 글씨는 될 수 있으면 보조선 내에서 쓰며 폰트 15를 벗어나지 않도록 한다.

⑥ 레터링(글씨쓰기)은 초등학교 글씨쓰기처럼 겹쳐가며 연습하되 점차 기울기를 한 방향으로(우측기울기)로 주면서 연습해 보자.

제도 글씨가 너무 크면 부조화스럽고, 도면이 죽는다.

필자도 악필이다. 하지만 레터링 글씨는 다르다.

레터링 연습(A3 사이즈 종이)

가나다라마바사 아자차 카타 파하 1 2 3 4 5 6 7 8 9 10 ABCDEFGHIJKLMN

가나다라마 바사아 자 차 카타 파 하 1 2 3 4 5 6 7 8 9 10 ABCDEFGHIJKLMN

소나무 잣나무 스트로브잣나무 왕벚나무 느티나무 산딸나무 산수유 자귀나무

산철쭉 영산홍 자산홍

H4.0×W2.0 H4.5×B15 H3.0×R6 H0.3×W0.4

수목 수량표 시설물 수량표 판석포장 소형고압블럭 고무칩

시소 정글짐 그네 회전무대 철봉 미끄럼틀 평면도 단면도

자귀나무 H2.5×R6 수수꽃다리 H1.5×W0.6 청단풍 H2.5×R8 +100 -60 ×0

3. 수목표현 연습 : 제도 기초과제

① 윤곽선을 그리고 칸을 4cm씩 그려서 수목표현 연습을 해보도록 합니다.

② 수목의 표현은 활엽수 표현, 침엽수 표현, 관목(침엽/활엽)으로 표현 연습하도록 합니다.

③ 활엽수의 표현 – 잘할 수 있는 수종 3가지 정도는 신속 · 정확히 그리도록 연습합니다.

④ 침엽수의 표현 – 소나무와 스트로브 잣나무용으로 사용하며, 소나무는 군식으로 포인트 있게 잘 표현하시기 바랍니다.
될 수 있으면 제시된 표현 방식을 사용하시고 원형은 침엽수도 활엽수도 될 수 있습니다.

⑤ 관목의 표현 – 보조선으로 일정한 규모를 인위적으로 잡아 놓으시고 변화감있는 크기로 연습합니다. 관목은 교목과 함께 겹쳐지게 그립니다.

활엽수
표현 중 4번 5번 이후의 표현은 잘 연습하셔서 녹음수에 포인트용으로 사용을 추천드린다.

침엽수
먼저 보조선으로 원형을 그리시고 주변부를 살짝씩 닿아 가면서 유자 (u) 형태로 뾰족한 침이 중심을 향하도록 균일하게 그려 낸다.

4. 군식 표현 및 인출선 연습 : 제도 기초과제

최근 문제의 경향은 군식이 모두 들어가므로 수목수량표에서도 군식을 집어 넣어서 연습하도록 하였습니다.

도면에 군식표현 연습을 하겠습니다. A3용지에 3장 정도 연습하시길 바랍니다.

군식의 위치는 “문제지 현황도 부지”의 빗금쳐진 식재공간 중 칸수가 가장 넓은 곳 혹은 입구 주변입니다.

군식은 수목표현을 필히 작성하시길 바랍니다.

군식의 지시선 표기법은 일반 수목의 지시선과 같으나, 치수가 틀린 3가지 수종의 규격 앞에 개수를 적는 것이 다릅니다.

수목표현
템플릿 활용법

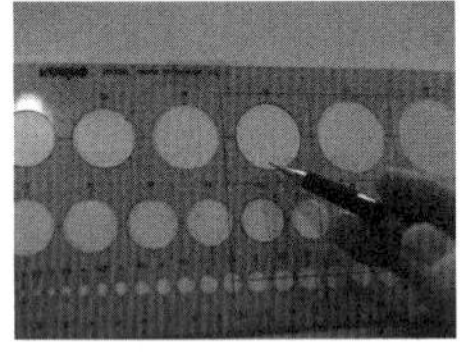

침엽 그릴 시 요령

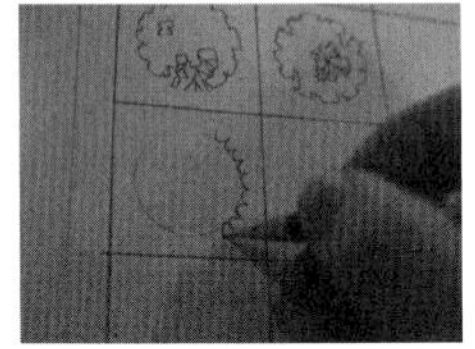

선이 사라지거나 끊어지지 않도록 한다.

수목표현 연습(A3 사이즈 종이)

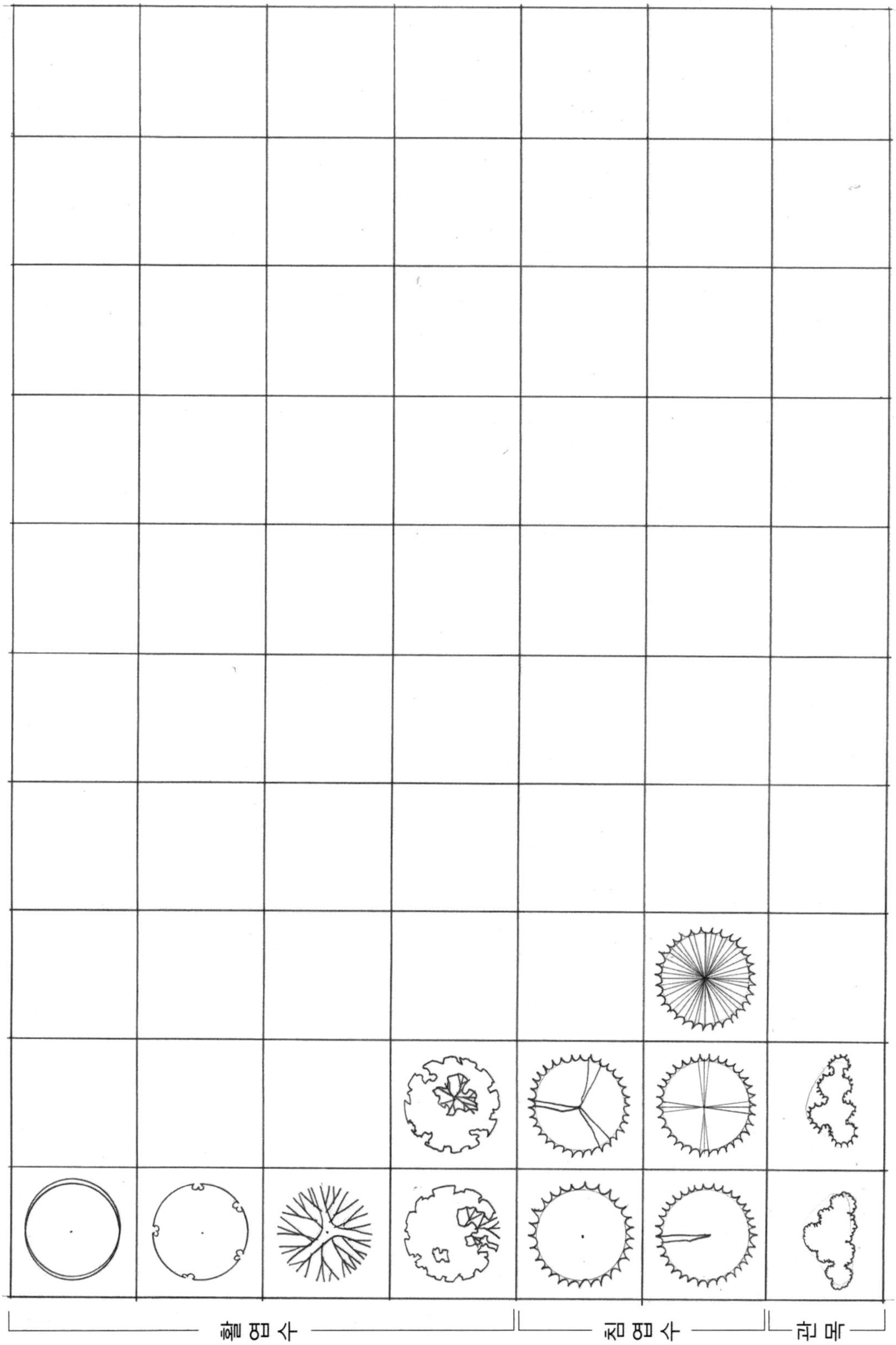

활엽수

침엽수

관목

소나무 군식표현 및 인출선 연습 (A3 사이즈 종이)

11. 소나무
1.H5.0×W4.5
4.H4.0×W3.5
6.H3.0×W2.0

7. 소나무
1.H4.5×W4.0
3.H3.8×W3.5
3.H2.0×W1.5

11. 소나무
1.H5.0×W4.5
7.H3.5×W3.0
3.H2.0×W1.5

10. 소나무
1.H4.5×W4.0
3.H3.5×W3.0
6.H2.5×W2.0

9. 소나무
1.H4.0×W3.5
4.H3.2×W3.0
4.H2.0×W1.0

13. 소나무
1.H5.0×W4.0
5.H3.5×W3.0
7.H2.0×W1.5

12. 소나무
1.H4.5×W4.0
4.H3.2×W3.0
7.H2.0×W1.0

8. 소나무
1.H4.0×W3.0
2.H3.0×W2.0
5.H2.0×W1.0

12. 소나무
1.H5.5×W4.0
4.H4.5×W3.0
7.H3.5×W2.0

7. 소나무
1.H6.0×W4.5
3.H5.0×W3.5
3.H3.5×W2.0

13. 소나무
1.H4.5×W3.5
1.H3.0×W2.0
11.H2.0×W1.2

11. 소나무
1.H4.0×W3.0
4.H3.0×W2.0
6.H2.0×W1.5

5. 시설물의 연습 = 평면도 / 단면도

① 시설물의 평면도(윗줄) 먼저 그립니다.
(평면도는 하늘 위에서 보는 도면입니다)

② 평면도가 작성되면 아래는 단면도를 같은 종이에서 연습하겠습니다.
= 좌우로 좌표를 그리고 높이별 보조선을 그립니다.

③ 사이즈는 특별히 정해진 것은 없으나 통상적 범위 내의 규격을 사용하셔야 합니다.
시설물의 대략적인 크기는 부지에 맞게 작성하시면 됩니다.

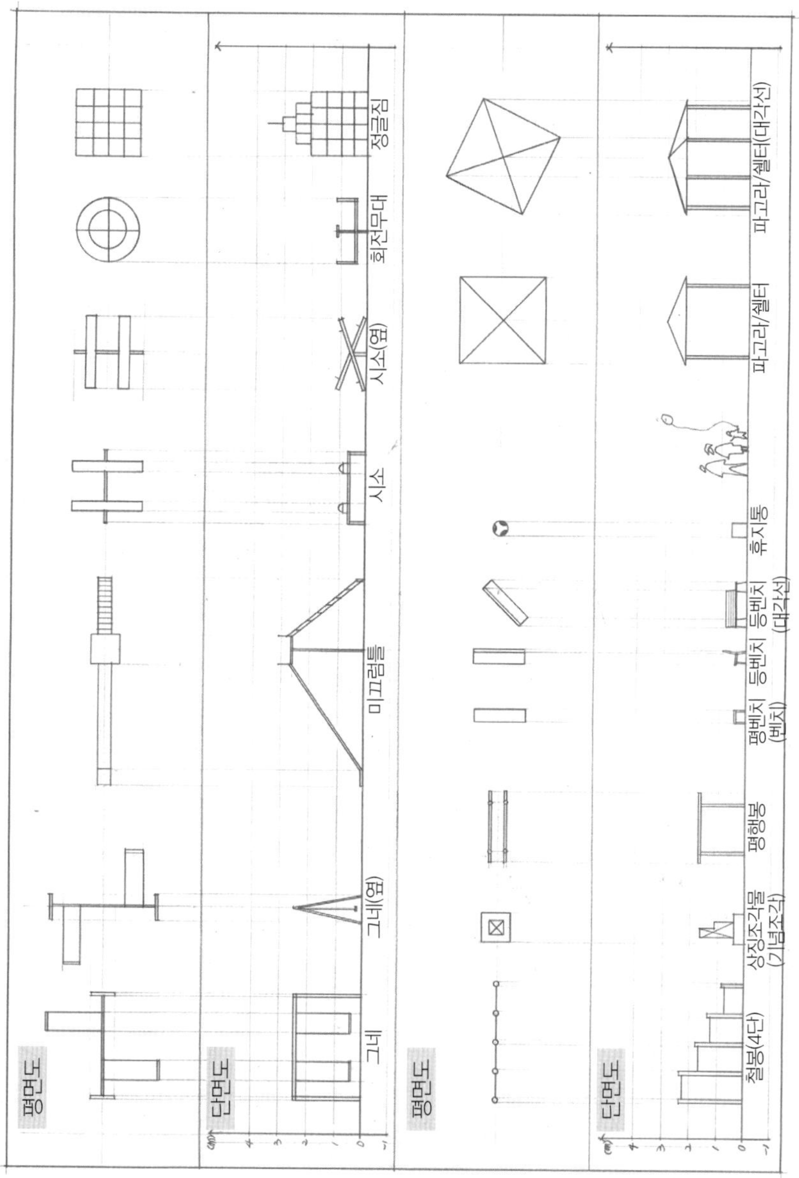

시설물의 연습(A3 사이즈 종이)

평면도

단면도

그네

그네(옆)

미끄럼틀

시소

시소(옆)

회전무대

정글짐

평면도

단면도

철봉(4단)

상징조각물
(기념조각)

평행봉

평벤치
(벤치)

등벤치

등벤치
(대각선)

휴지통

파고라/쉘터

파고라/쉘터(대각선)

6. 포장바닥의 연습 : 제도 기초과제

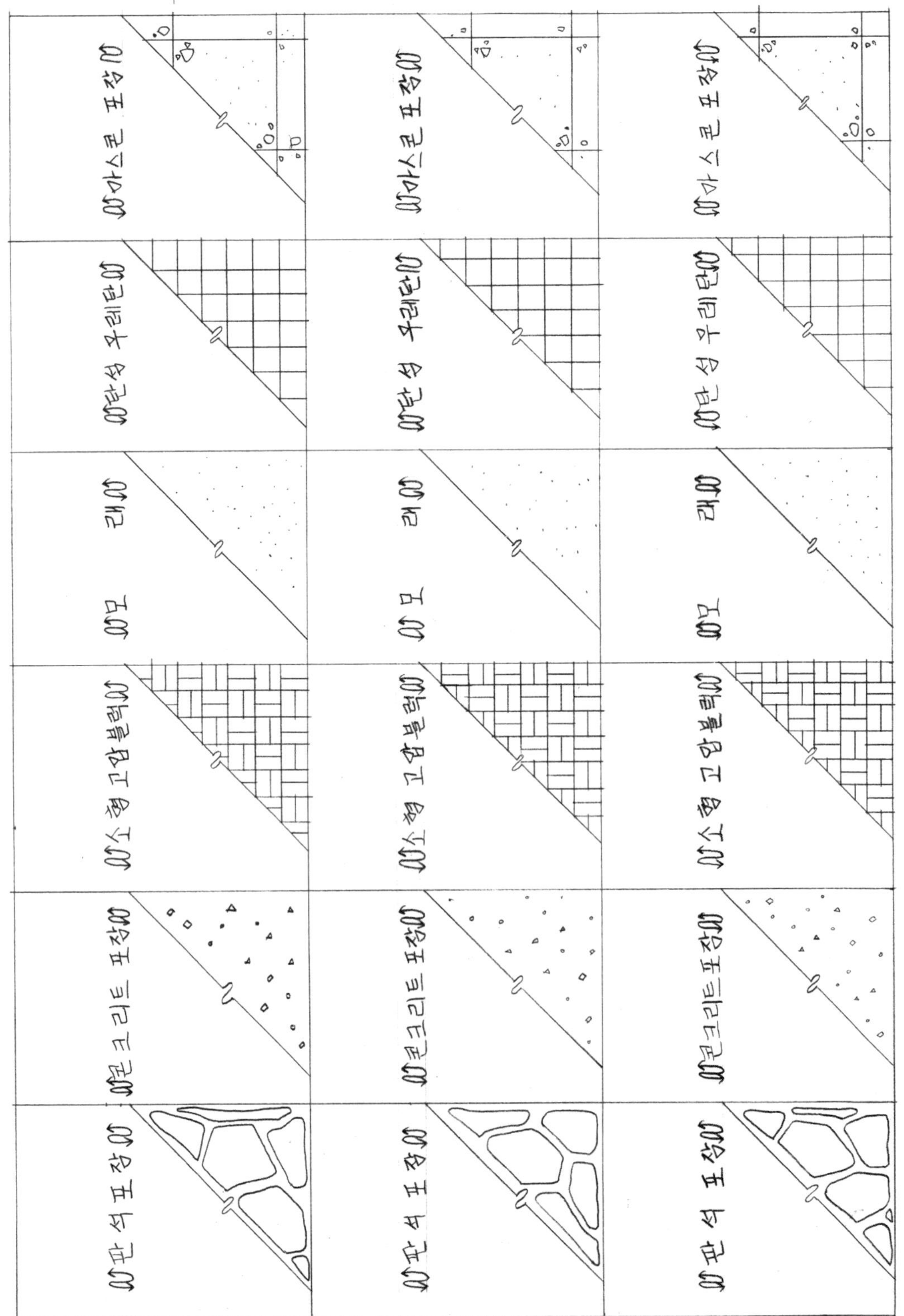

포장바닥의 연습 (A3 사이즈 종이)

7. 단면도의 수목 입면표현

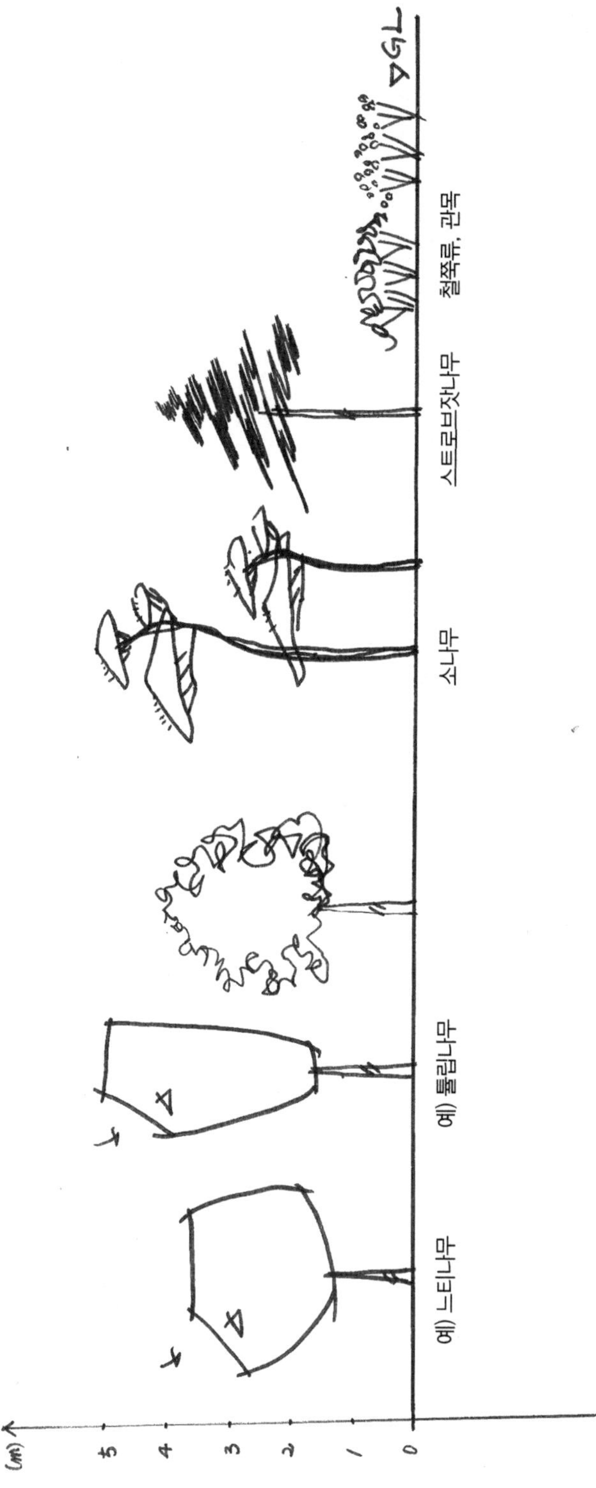

단면도 : 수목 입면표현

가나다라마바사아자차카타파하 12345678910 ABCDEFGHIJKLMN
가나다라마바사아자차카타파하 12345678910 ABCDEFGHIJKLMN

활엽수
침엽수
관목

예) 느티나무
예) 튤립나무
소나무
스트로브잣나무
철쭉류, 관목
GL

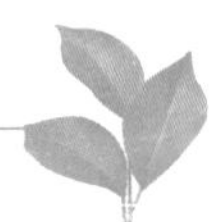

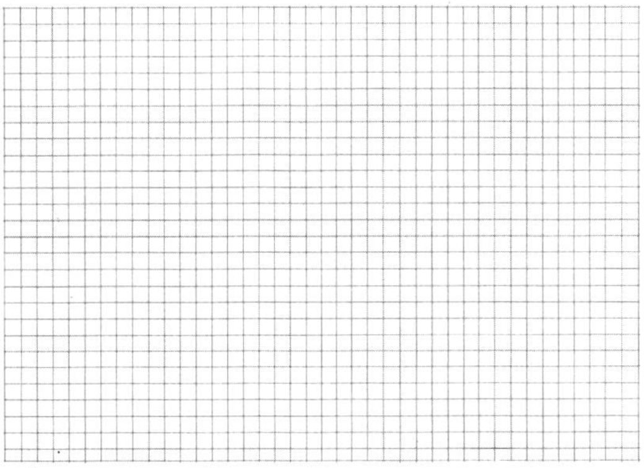

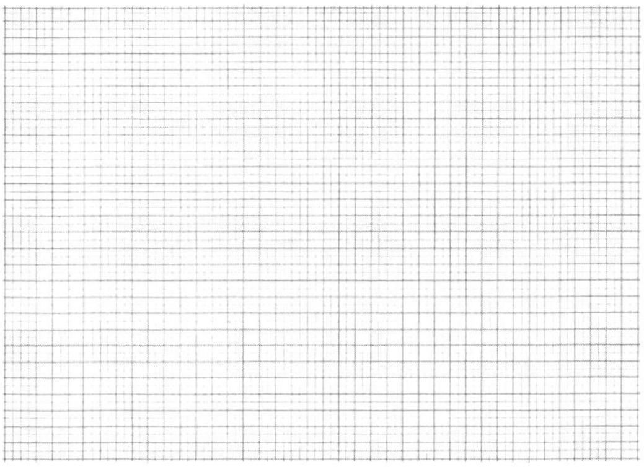

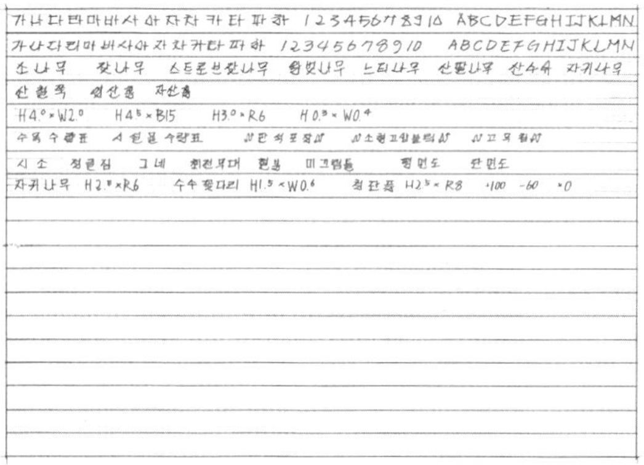

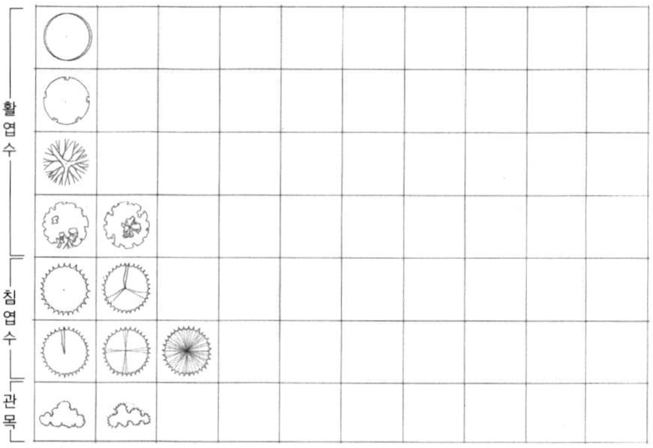

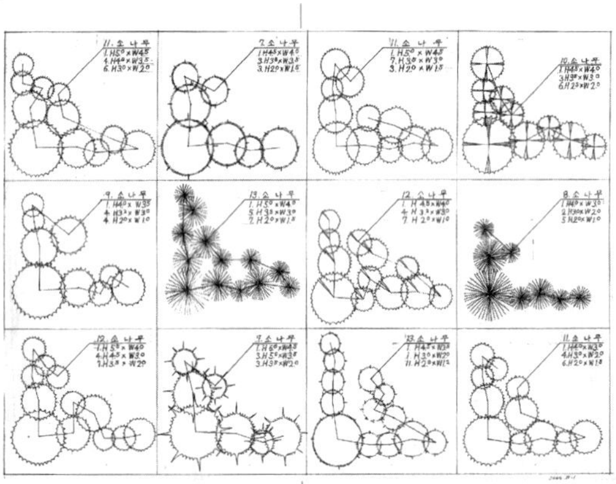

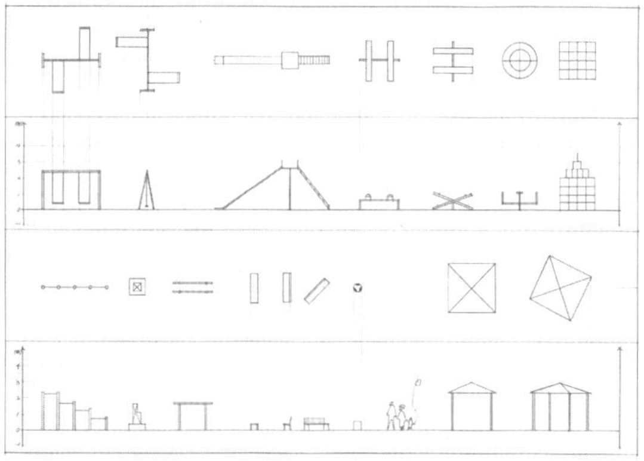

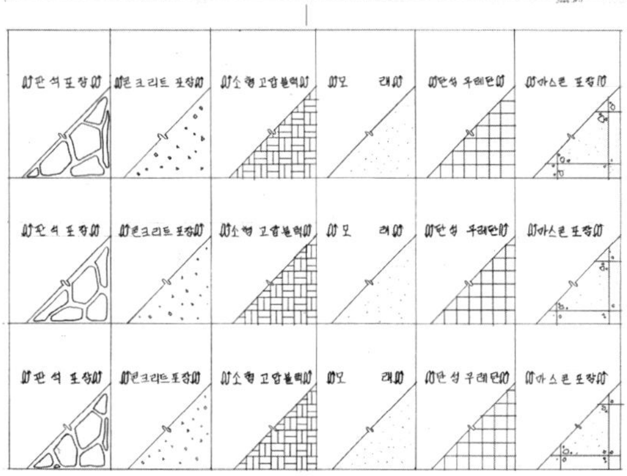

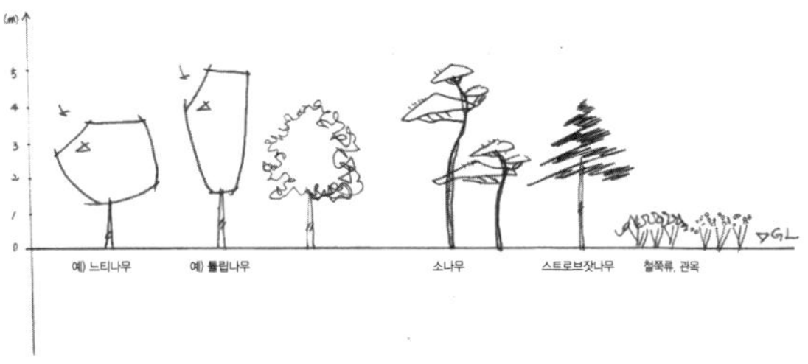

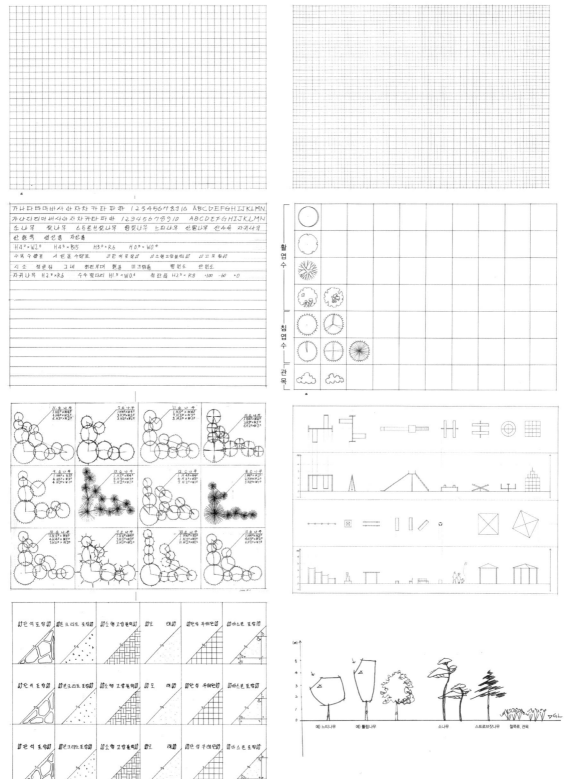

배식법을 익히기 위한 도면 문제

▣ 아파트 주동 건물 통로 조경설계

학습목표 : 본 도면을 통해 문제에 나온 배식방법을 외우듯이 익히자(2005년 전 시험으로 현행시험에 나오지 않음).

설계문제 : 우리나라 중부지역 가로공원에 대한 조경설계를 하고자 한다. 주어진 현황도를 참조하여 요구조건에 따라 조경계획도를 작성하시오.

■ 현황도

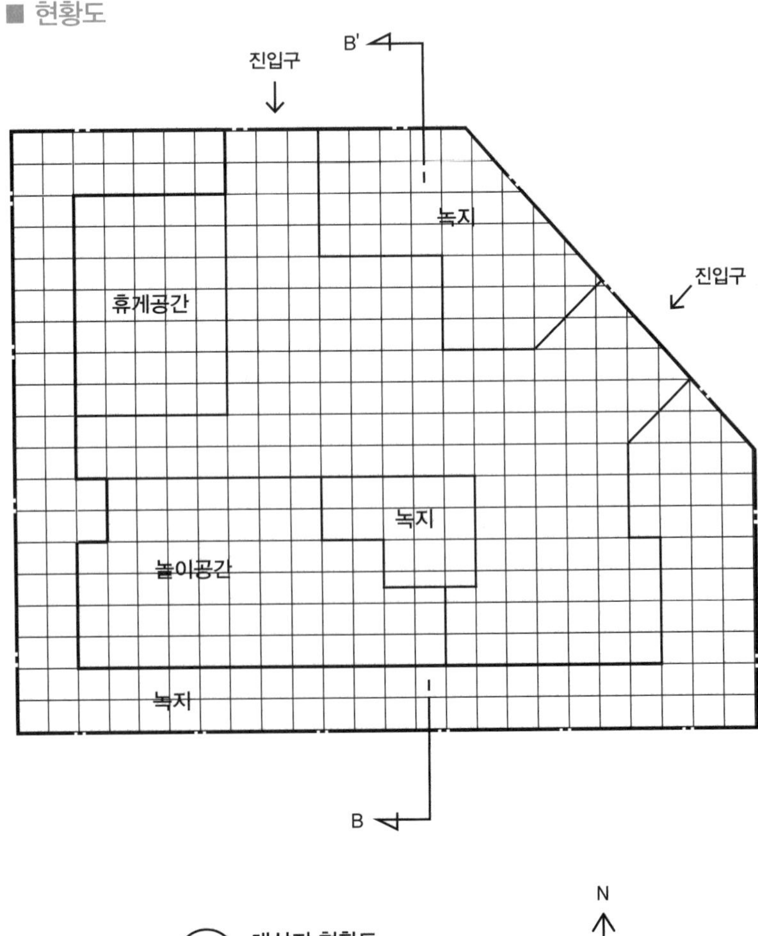

*참조 : 격자 한 눈금이 1M

■ 요구사항

1) 문제 1 현황도면을 1/100로 확대하고, 다음 요구조건을 고려하여 가로공원의 식재 및 시설물 배치도를 완성한다(지급용지 1).
2) 도면 오른쪽 위에 작업명칭을 작성한다.
3) 도면 오른쪽에는 "중요시설물 수량표와 수목(식재) 수량표"를 작성하고, 수량표 아래쪽 "방위표시와 막대축척"을 그려 넣는다(단, 전체 대상지의 길이를 고려하여 범례표의 폭을 조정할 수 있다).
4) 도면의 전체적인 안정감을 위하여 "테두리선"을 넣는다.
5) 문제 2(지급용지 2)에는 B-B' 단면도를 축척 1/100로 작성한다(단, 포장재료, 경계석, 기타 시설물의 기초를 단면도상에 표시한다).

식재 시 부지의 사면은 큰나무로 모서리를 완화시킨다.

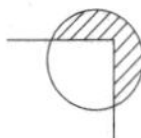

■ 요구조건

1) 놀이공간의 포장은 마사토로 포장하고, 휴게공간의 포장은 판석으로 포장한다.
2) 원로는 소형고압블록으로 포장하고, 포장지역을 제외한 곳에는 가능한 식재를 실시한다.
3) 휴게공간에 퍼걸러(3m×5m)를 설치하고, 놀이공간에는 놀이시설을 2종 이상 설치하며, 벤치(1.2m×0.4m)는 대상지 내 적당한 곳에 4개 이상 설치한다.
4) 녹지부분은 지표면보다 40cm 높으며, 경계는 화강석 마름돌(가로, 세로 각각 20cm)로 한다.
5) 출입구 양쪽의 녹지에는 대칭식재, 벤치 주변은 녹음식재, 서쪽 녹지부는 상록수와 낙엽수의 혼합식재, 남쪽 녹지부는 낙엽수로 열식 및 부등변삼각형으로 식재한다.

← 배식법

6) 식재할 수종은 다음 중에서 12종 이상을 선택하여 식재한다.

> 소나무(H4.0×W2.0), 소나무(H3.0×W1.5), 소나무(H2.5×W1.2), 스트로브잣나무(H2.5×W1.2), 스트로브잣나무(H2.0×W1.0), 왕벚나무(H4.5×B15), 버즘나무(H3.5×B8), 느티나무(H3.0×R6), 청단풍(H2.5×R8), 중국단풍(H2.5×R5), 굴거리나무(H2.5×W0.6), 자귀나무(H2.5×R6), 산딸나무(H2.0×R5), 산수유(H2.5×R7), 꽃사과(H2.5×R5), 수수꽃다리(H1.5×W0.6), 병꽃나무(H1.0×W0.4), 쥐똥나무(H1.0×W0.3), 명자나무(H0.6×W0.4), 산철쭉(H0.3×W0.4), 자산홍(H0.3×W0.3), 조릿대(H0.6×7가지)

7) B-B' 단면도는 경사, 포장재료, 경계선 및 기타 시설물의 기초, 주변의 수목, 중요 시설물, 이용자 등을 단면도상에 반드시 표기한다.

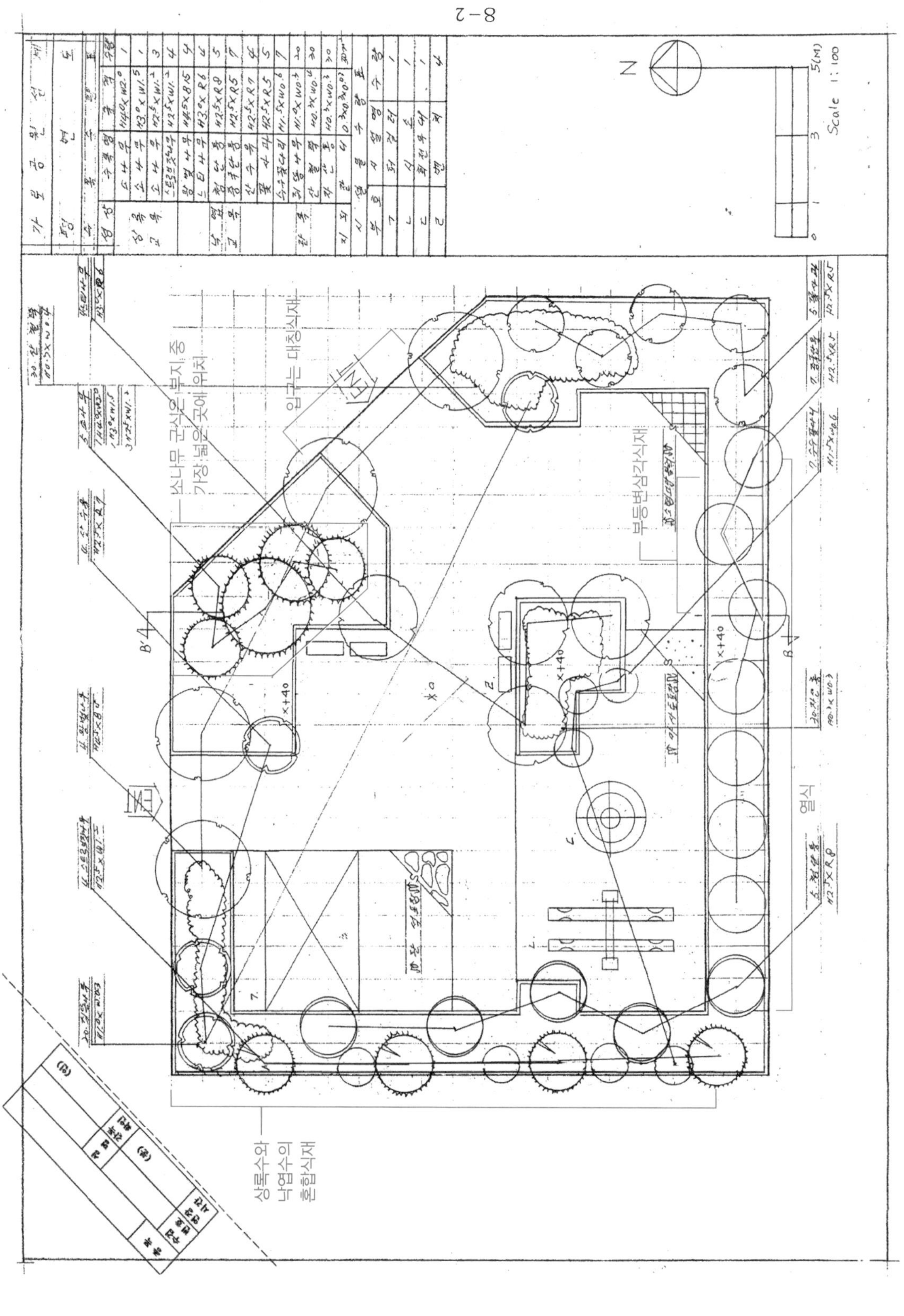

8-2

소나무 군식은 부지 중 가장 넓은 곳에 위치

입구는 대칭식재

부등변삼각식재

열식

상록수와 낙엽수의 혼합식재

Part 5

최근 기출문제

01. 최근기출

● 자, 이제부터 도면을 그려봅시다. 처음에는 평면도를 완벽히 그려보도록 연습하셔야 합니다. 면도를 못 그리면 단면도는 작성되기 어렵습니다.
1번을 통해 전체 목표를 감지하고 2번 도면은 가장 쉬운 도면입니다. 3번~5번까지는 답안지를 보면서 평면도만 익혀보도록 하겠습니다.

▣ 아파트 주동 건물 통로 조경설계

단면도가 있는 도면도 먼저 평면도 연습하셔도 좋다.

학습목표 : 가장 쉬운 도면 그리기(2005년 전 시험으로 현행시험에 나오지 않음)

설계문제 : 우리나라 중부지역 지방도로에 있는 아파트 단지의 빈 공간에 대한 조경설계를 하고자 한다. 주어진 현황도를 참조하여 요구조건에 따라 조경계획도를 작성하시오.

■ 현황도

1) 아파트 단지 내에 존재하는 설계가 부실한 부분이다(2점쇄선 안 부분이 조경설계 대상지임).

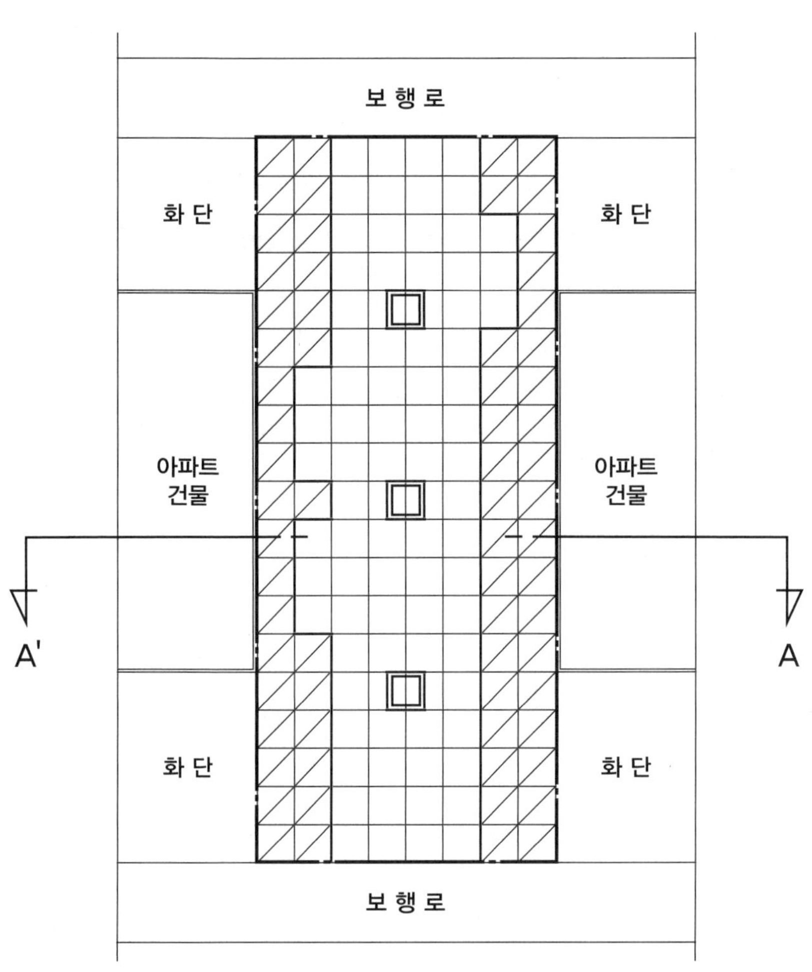

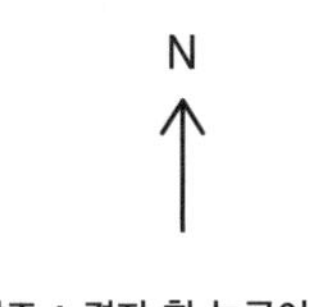

*참조 : 격자 한 눈금이 1M

■ 요구사항

1) 식재 평면도를 위주로 한 조경계획도를 축척 1/100로 작성하시오(지급용지 1).
2) 도면 오른쪽 위에 작업명칭을 "○○지역 ○○아파트"라고 작성하시오.
3) 도면 오른쪽 위에는 "수목수량표"와 오른쪽 아래에 "방위와 막대축척"을 그려 넣으시오.
4) 도면의 전체적인 안정감을 위하여 "테두리선"을 넣으시오.
5) A-A' 단면도를 축척 1/100로 작성하시오(지급용지 2).

■ 요구조건

1) 해당 지역이 아파트 주동 건물 사이의 보행자 전용 도로임을 주지하고 그 특성에 맞는 조경계획도를 작성하시오.
2) 포장지역을 제외한 곳에는 식재가 가능한 장소에는 식재를 하시오.
3) 포장지역은 "소형고압블록"으로 표시하고, 담장이 위치한 식재지역은 경계식재를 하시오.
4) 3개 수목보호대에 지하고 2m 이상의 녹음수를 단식(單式)하시오.
5) 주민의 통행으로 모서리에 위치한 화단이 답압에 피해가 없도록 유도식재를 필요한 곳에 하시오.
6) 적당한 곳에 소나무로 군식하고, 보행자 통행에 지장을 주지 않도록 적당한 곳에 2인용 평상형 벤치(1,200×500mm) 4개를 설치한 것으로 표시한다.
7) 수목은 아래에 주어진 수종 중에서 10가지를 선정하여 사용하고 인출선을 이용하여 수종명, 수량, 규격을 표기하시오.

소나무(H4.0xW2.0), 소나무(H3.0xW1.5), 소나무(H2.5xW1.2), 스트로브잣나무(H2.5xW1.2), 스트로브잣나무(H2.0xW1.0), 왕벚나무(H4.5xB15), 버즘나무(H3.5xB8), 느티나무(H4.5xR20), 청단풍(H2.5xR8), 중국단풍(H2.5xR5), 자귀나무(H2.5xR6), 산딸나무(H2.0xR5), 산수유(H2.5xR7), 꽃사과(H2.5xR5), 수수꽃다리(H1.5xW0.6), 병꽃나무(H1.0xW0.4), 쥐똥나무(H1.0xW0.3), 명자나무(H0.6xW0.4), 산철쭉(H0.3xW0.4), 자산홍(H0.3xW0.3), 조릿대(H0.6x7가지)

8) 포장재료 및 경계선, 기타 시설물의 기초를 단면도상에 표시하시오.

모범답안

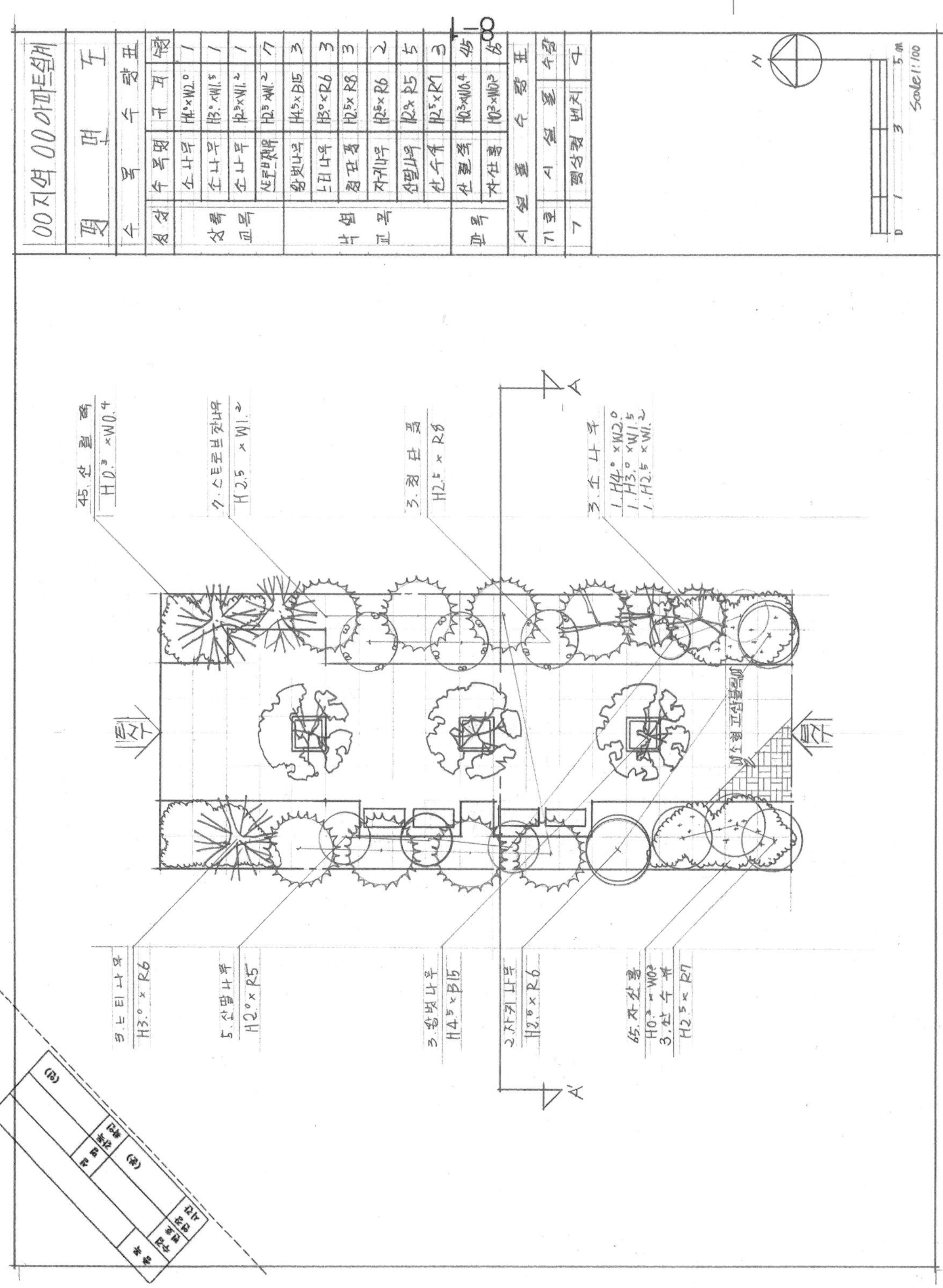

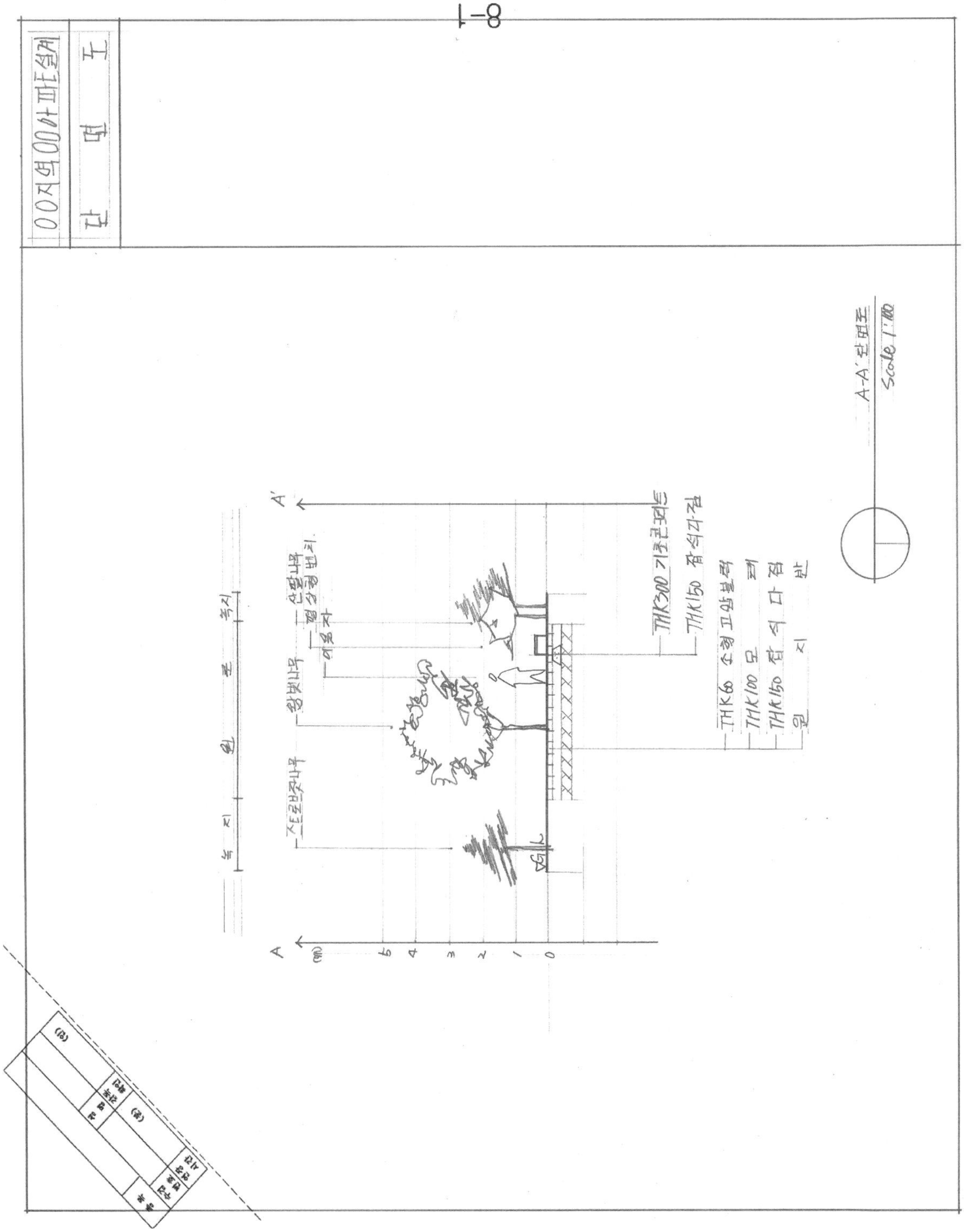

8-1

OO지역OO아파트설계

단 면 도

녹지 원로 녹지

A A'

스트로브잣나무
왕벚나무
산딸나무
평상형벤치
이용자

(m)
5
4
3
2
1
0

GL

THK300 기초콘크리트
THK150 잡석다짐

THK60 소형고압블럭
THK100 모래
THK150 잡석다짐
원지반

A-A' 단면도
Scale 1:100

02. 평면도 그리기 (1)

● "식수대로 단차있는 소공원" 평면도의 연습과 해답

학습목표 : 우리나라 중부지역에 위치한 도로변의 빈 공간에 대한 조경설계를 하고자 한다. 주어진 현황도 및 아래 사항을 참조하여 설계조건에 따라 조경계획도를 작성한다.

설계문제 : 주어진 도면을 참조하여 요구사항 및 조건들에 합당한 조경계획도 및 단면도를 작성하시오.

기준면에는 0을 표시하며, 낮다고 하는 곳은 낮춰주고, 높다고 하는 곳은 높혀주는 것을 추천한다(단위는 cm).

■ 현황도

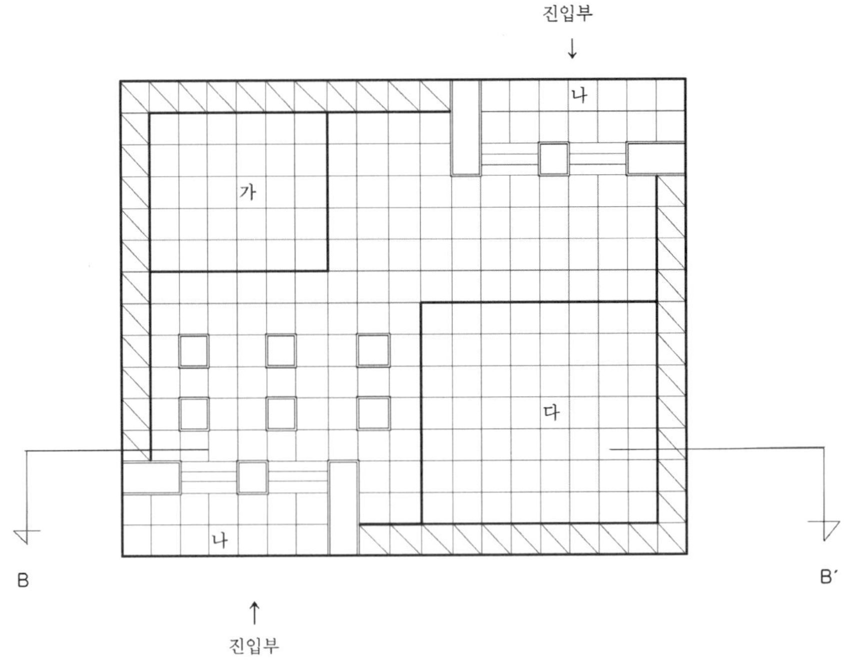

scale 1/200
참조) 1칸은 1m이다.

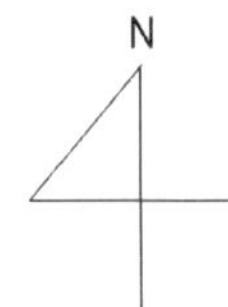

■ 요구사항

1) 식재 평면도를 위주로 한 조경계획도를 축척 1/100로 작성하시오.
2) 도면 오른쪽 위에 작업명칭을 작성하시오.
3) 도면 오른쪽에는 "주요시설물 수량표와 수목(식재)수량표"를 함께 작성하고, 수량표 아래쪽 여백을 이용하여 "방위표시와 막대축척"을 반드시 그려 넣으시오.
4) 도면 전체적인 안정감을 위하여 "테두리선"을 작성하시오.
5) 도로변 소공원 부지 내의 B~B` 단면도를 축척 1/100로 작성하시오.

■ 설계조건

1) 해당지역은 도로변의 자투리 공간을 이용하여 휴식 및 어린이들이 즐길 수 있는 도로변 소공원으로 공원의 특징을 고려하여 조경계획도를 작성하시오.
2) 포장지역을 제외한 곳에는 모두 식재를 실시하시오(단, 녹지공간은 빗금친 부분, 분위기 고려하여 식재 실시).
3) 포장지역은 "황토, 점토블록, 고무칩, 투수콘크리트 등" 적당한 재료를 선택하여 재료의 사용이 적합한 장소에 기호로 표현하고, 포장명칭을 반드시 기입하시오.
4) "가"지역은 휴식공간으로 이용자들의 편안한 휴식을 위해 파고라(3,500×3,500mm) 1개와 안에서 앉아서 휴식을 즐길 수 있도록 등벤치 2개를 계획 · 설계하시오.
5) "나"지역은 진입부로서 "가", "다"원로지역보다 1m가량 낮은 썬큰(Sunken)공간으로, 주변을 관목으로 식재 처리하시오.
6) "다"지역은 놀이공간으로 계획하고, 그 안에 어린이 놀이시설물을 3종류 배치하시오.
7) 그 외의 지역은 원로주변공간으로 부지 내에 6개의 식수대(植樹臺)가 있으며, 알맞은 식재설계를 하시오.
7) 대상지 내에는 유도식재, 녹음식재, 경관식재, 소나무 군식 등의 식재패턴을 필요한 곳에 배식하고, 필요에 따라 수목보호대를 추가로 설치하여 포장 내에 식재를 하시오.
8) 수목은 아래에 주어진 수종 중에서 종류가 다른 10가지를 반드시 선정하여 골고루 안정적인 배식이 될 수 있도록 계획하며, 인출선을 이용하여 수량, 수종명칭, 규격을 반드시 표기하시오.

소나무(H4.0xW2.0), 소나무(H3.0xW1.5), 소나무(H2.5xW1.2), 스트로브잣나무(H2.5xW1.2), 스트로브잣나무(H2.0xW1.0), 왕벚나무(H4.5xB15), 버즘나무(H3.5xB8), 느티나무(H3.0xR6), 중국단풍(H2.5xR5), 자귀나무(H2.5xR6), 산딸나무(H2.0xR5), 동백나무(H2.5xR8), 태산목(H1.5xW0.5), 산수유(H2.5xR7), 꽃사과(H2.5xR5), 수수꽃다리(H1.5xW0.6), 병꽃나무(H1.0xW0.4), 쥐똥나무(H1.0xW0.3), 명자나무(H0.6xW0.4), 산철쭉(H0.3xW0.4), 자산홍(H0.3xW0.3), 영산홍(H0.3xW0.3), 조릿대(H0.6x7가지)

9) B-B` 단면도는 경사, 포장재료, 경계선 및 기타 시설물의 기초, 주변의 수목, 중요 시설물, 이용자 등을 단면도 상에 반드시 표기하고 높이 차를 한눈에 볼 수 있도록 설계하시오.

모범답안

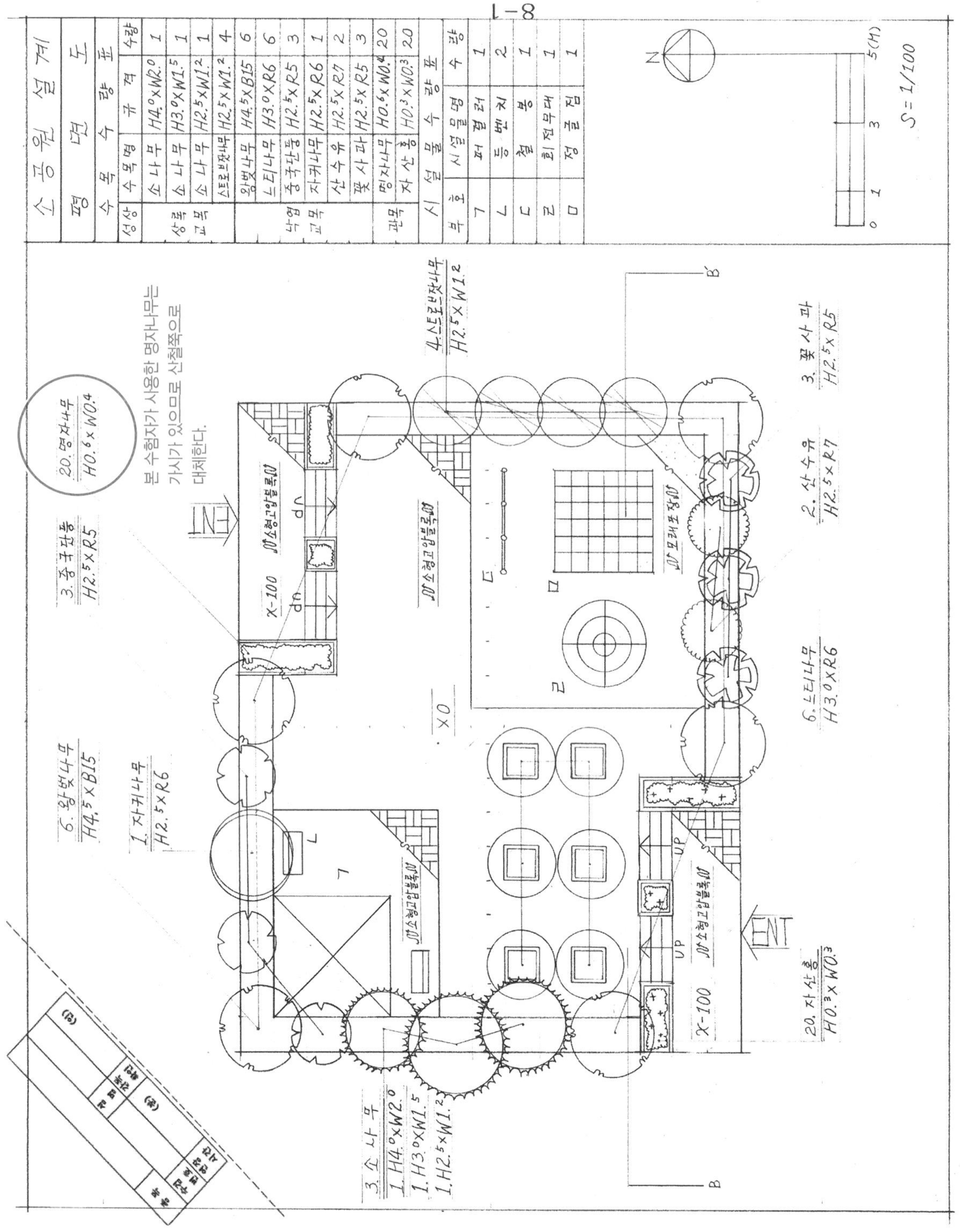

소공원 설계

평면도

L-8

수목수량표

성상	수목명	규격	수량
상록교목	소나무	$H4.^0 \times W2.^0$	1
	소나무	$H3.^0 \times W1.^5$	1
	소나무	$H2.^5 \times W1.^2$	1
	스트로브잣나무	$H2.^5 \times W1.^2$	4
낙엽교목	왕벚나무	$H4.^5 \times B15$	6
	느티나무	$H3.^0 \times R6$	6
	중국단풍	$H2.^5 \times R5$	3
	자귀나무	$H2.^5 \times R6$	1
	산수유	$H2.^5 \times R7$	2
	꽃사과	$H2.^5 \times R5$	3
관목	명자나무	$H0.^6 \times W0.^4$	20
	자산홍	$H0.^3 \times W0.^3$	20

시설물수량표

부호	시설물명	수량
ㄱ	퍼걸러	1
ㄴ	등벤치	2
ㄷ	철봉	1
ㄹ	회전무대	1
ㅁ	정글짐	1

N

0 1 3 5(M)

S = 1/100

6. 왕벚나무 $H4.^5 \times B15$

3. 중국단풍 $H2.^5 \times R5$

20. 명자나무 $H0.^6 \times W0.^4$

본 수험자가 사용한 명자나무는 가시가 있으므로 산철쭉으로 대체한다.

1. 자귀나무 $H2.^5 \times R6$

3. 소나무
1. $H4.^0 \times W2.^0$
1. $H3.^0 \times W1.^5$
1. $H2.^5 \times W1.^2$

4. 스트로브잣나무 $H2.^5 \times W1.^2$

20. 자산홍 $H0.^3 \times W0.^3$

6. 느티나무 $H3.^0 \times R6$

2. 산수유 $H2.^5 \times R7$

3. 꽃사과 $H2.^5 \times R5$

ENT

X-100 소형고압블록

UP

XO

모래포장

B B'

수검번호 | 감독확인 | 성명 | 시간

03. 평면도 그리기 (2)

● "식수대와 수경공간의 소공원" 평면도의 연습과 해답

학습목표 : 식수대를 기준으로 높다고 하는 가, 나, 다 부분에 +100 표시를 할 수 있다.

설계문제 : 우리나라 중부지역에 위치한 도로변의 휴식공간에 대한 조경설계를 하고자 한다. 주어진 현황도 및 다음 사항을 참조하여 설계조건에 따라 조경계획도를 작성한다(단, 2점 쇄선 안쪽 부분을 조경설계 대상지로 한다).

수경공간은 벽으로 둘러 쌓인 형태의 연못공간이다. 그래서 레벨은 "0"이 된다.

1. 현황도

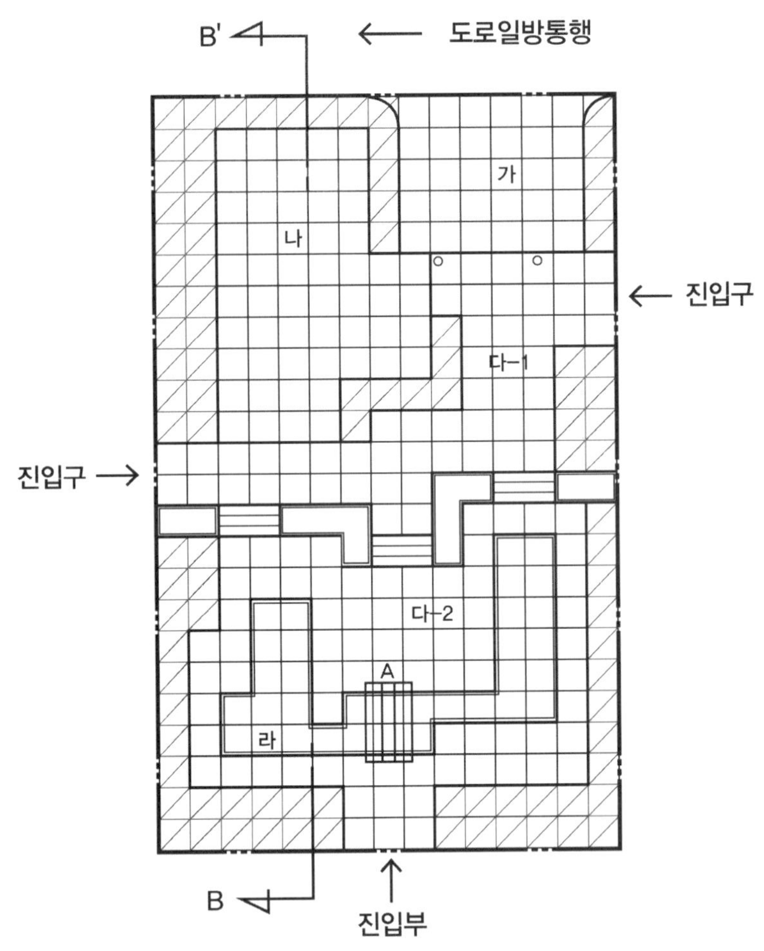

2. 요구사항

1) 식재평면도를 위주로 한 조경계획도를 축척 1/100로 작성한다(지급용지 1).
2) 도면 오른쪽 위에 작업명칭을 작성한다.

3) 도면 오른쪽에는 "중요시설물 수량표와 수목(식재) 수량표"를 작성하고, 수량표 아래쪽에 "방위표시와 막대축척"을 그려 넣는다(단, 전체 대상지의 길이를 고려하여 범례표의 폭을 조정할 수 있다).
4) 도면의 전체적인 안정감을 위하여 "테두리선"을 넣는다.
5) B-B' 단면도를 축척 1/100로 작성한다(지급용지 2).

3. 요구조건

1) 해당 지역은 휴식공원으로 휴식공간과 어린이들이 즐길 수 있는 특성을 고려하여 조경계획도를 작성한다.
2) 포장지역을 제외한 곳에는 가능한 식재를 계획한다.(녹지공간은 빗금친 부분)
3) 포장지역은 "소형고압블록, 콘크리트, 모래 등" 중에서 적당한 위치에 선택하여 표시하고 포장명을 기입한다.
4) "가" 주차공간으로 소형자동차(3,000×5,000mm) 2대가 주차할 수 있는 공간으로 계획하고 설계한다.
5) "나" 지역은 정적인 휴식공간으로 파고라(3,500×5,000mm) 1개소, 2인용 평상형 벤치(1,200×500mm) 2개를 설치한다.
6) "다-1, 다-2" 지역은 대상지 내에 보행자 통행에 지장을 주지 않는 곳에 2인용 평상형 벤치(1,200×500mm) 4개, 휴지통 3개소를 설치한다.
7) "라" 지역은 수경공간으로 계획한다. "A"는 통행에 불편이 없도록 가교를 설치하였다.
8) "가", "나", "다-1" 지역은 "다-2" 지역보다 높이차가 1m 높고, 그 높이 차이를 식수대로 처리하였으므로 적합한 조치를 계획한다.
9) 대상지 내에는 유도식재, 녹음식재, 경관식재, 소나무 군식 등의 식재패턴을 필요한 곳에 적당히 배식하고, 필요한 곳에 수목보호대를 설치하여 포장 내에 식재를 한다.
10) 수목은 아래에 주어진 수종 중에서 종류가 다른 10가지를 선정하여 골고루 안정적인 배식이 될 수 있도록 계획하며, 인출선을 이용하여 수량, 수종명칭, 규격을 반드시 표기한다.

소나무(H4.0×W2.0), 소나무(H3.0×W1.5), 소나무(H2.5×W1.2), 스트로브잣나무(H2.5×W1.2), 스트로브잣나무(H2.0×W1.0), 왕벚나무(H4.5×B15), 버즘나무(H3.5×B8), 느티나무(H3.0×R6), 청단풍(H2.5×R8), 중국단풍(H2.5×R5), 자귀나무(H2.5×R6), 산딸나무(H2.0×R5), 산수유(H2.5×R7), 꽃사과(H2.5×R5), 수수꽃다리(H1.5×W0.6), 병꽃나무(H1.0×W0.4), 쥐똥나무(H1.0×W0.3), 명자나무(H0.6×W0.4), 산철쭉(H0.3×W0.4), 자산홍(H0.3×W0.3), 조릿대(H0.6×7가지)

11) B-B' 단면도는 경사, 포장재료, 경계선 및 기타 시설물의 기초, 주변의 수목, 중요시설물, 이용자 등을 단면도상에 반드시 표기한다.

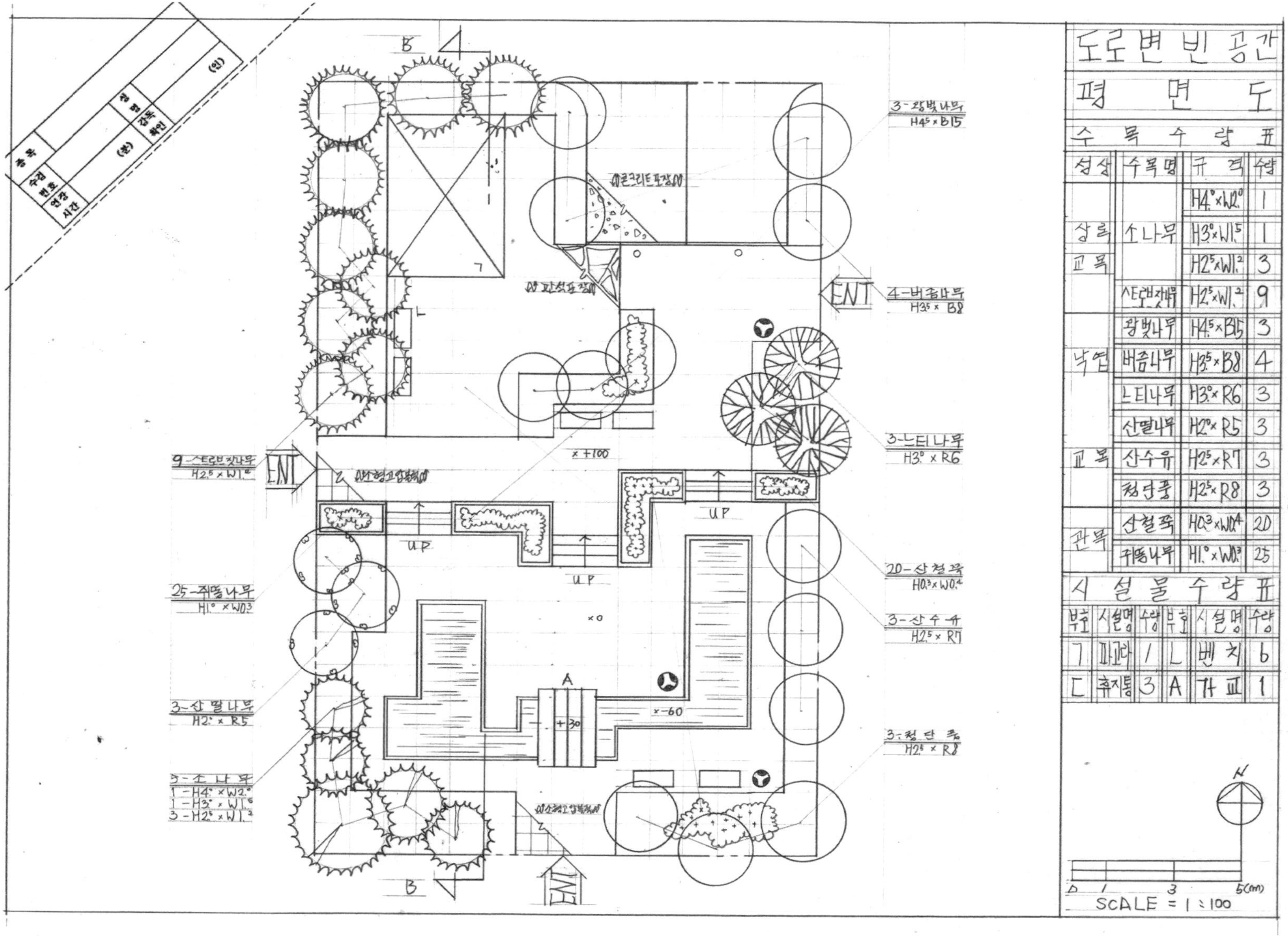

8-1

도로변 빈 공간

평면도

수목수량표

성상	수목명	규격	수량
상록교목	소나무	H4.0×W2.0	1
		H3.0×W1.5	1
		H2.5×W1.2	3
	스트로브잣나무	H2.5×W1.2	9
낙엽교목	왕벚나무	H4.5×B15	3
	버즘나무	H3.5×B8	4
	느티나무	H3.0×R6	3
	산딸나무	H2.0×R5	3
	산수유	H2.5×R7	3
	청단풍	H2.5×R8	3
관목	산철쭉	H0.3×W0.4	20
	쥐똥나무	H1.0×W0.3	25

시설물수량표

부호	시설명	수량	부호	시설명	수량
ㄱ	파고라	1	ㄴ	벤치	6
ㄷ	휴지통	3	A	가교	1

SCALE = 1 : 100

0 1 3 5(m)

N

3-왕벚나무 H4.5×B15

4-버즘나무 H3.5×B8

3-느티나무 H3.0×R6

20-산철쭉 H0.3×W0.4

3-산수유 H2.5×R7

3-청단풍 H2.5×R8

9-스트로브잣나무 H2.5×W1.2

25-쥐똥나무 H1.0×W0.3

3-산딸나무 H2.0×R5

5-소나무
1-H4.0×W2.0
1-H3.0×W1.5
3-H2.5×W1.2

콘크리트포장

판석포장

소형고압블럭포장

ENT

UP

B

A

+100

+30

-60

±0

수검번호		성명	(인)
연장시간		감독확인	(인)

04. 평면도 그리기 (3)

● "분수가 있는 소공원" 평면도의 연습과 해답

수경공간은 지반고 아래로 파여진 형태로 파악되어 답안이 작성되어 있으며, 연못공간 안에 분수시설이 있어 분수시설에는 각각 임의의 레벨을 표현했다.

학습목표 : 분수공간을 이해하고, 가 부분에 +100 표시를 할 수 있다.

설계문제 : 우리나라 중부지역에 위치한 소공원 주변의 빈 공간에 대한 조경설계를 하고자 한다. 주어진 현황도 및 아래 사항을 참조하여 설계조건에 따라 조경계획도를 작성하시오.(단, 2점쇄선 안 부분이 조경설계 대상지임)

1. 현황도

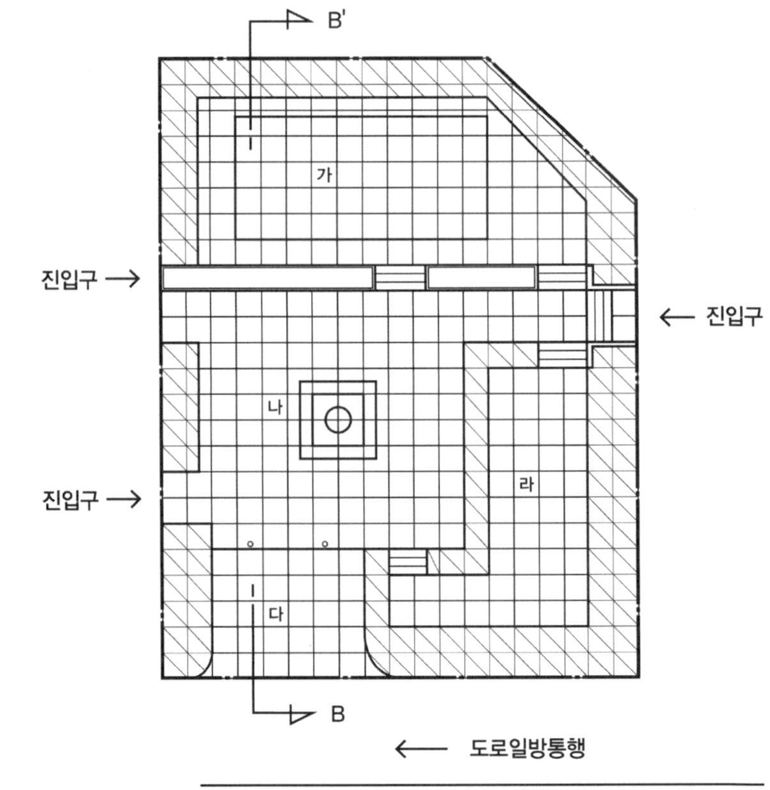

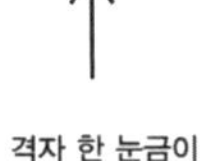

*참조 : 격자 한 눈금이 1M

2. 요구사항

1) 식재평면도를 위주로 한 조경계획도를 축척 1/100로 작성하시오(지급용지 1).
2) 도면 오른쪽 위에 작업명칭을 작성하시오.
3) 도면 오른쪽에는 "중요 시설물 수량표와 수목(식재)수량표"를 작성하고, 수량표 아래에 "방위 표시와 막대축척"을 그려 넣으시오(단, 전체 대상지의 길이를 고려하여 범례표의 폭을 조정할 수 있다.
4) 도면의 전체적인 안정감을 위하여 "테두리선"을 넣으시오.
5) B–B' 단면도를 축척 1/100로 작성하시오(지급용지 2).

3. 요구조건

1) 해당 지역은 도로변에 위치한 소공원으로 어린이들이 주 이용 대상이며, 그 특성에 맞는 조경계획도를 작성하시오.
2) 포장지역을 제외한 곳에는 가능한 식재를 하시오(녹지공간은 빗금친 부분).
3) 포장지역은 "소형고압블록, 콘크리트, 마사토, 모래 등" 적당한 위치에 적합한 포장재를 선택하여 표시하고, 포장명을 기입한다.
4) "가" 지역은 다목적 운동공간으로 계획하고, 벤치를 4개 및 적합한 포장을 실시한다.
5) "가", "라" 지역은 "나", "다" 지역보다 1m 정도 높은 공간으로 계획 설계하고, 경사부분의 처리를 적합하게 한다.
6) "나" 지역은 중심광장으로 중앙에 분수가 설치되어 있으며, 그 주변으로 수목보호대를 8개 설치하여 수목을 배치하고, 적당한 곳에 등벤치 4개를 설치한다.
7) "다" 지역은 주차공간으로 소형자동차(3,000×5,000mm) 2대가 주차할 수 있는 공간으로 계획하고 설계한다.
8) "라" 지역은 휴식공간으로 계획하고, 적당한 곳에 퍼걸러(3,500×3,500mm) 2개를 설치하고, 평상형 벤치(1,200×500mm) 2개를 설치한다.
9) 대상지 내에 보행자 통행에 지장을 주지 않는 곳에 휴지통 3개를 설치한다.
10) 대상지 내에는 유도식재, 녹음식재, 경관식재, 소나무 군식 등의 식재패턴을 필요한 곳에 적당히 배식하고, 필요한 곳에 수목보호대를 설치

하여 포장 내에 식재를 한다.

11) 수목은 아래에 주어진 수종 중에서 10가지를 선정하여 골고루 안정적인 배식이 될 수 있도록 계획하며, 인출선을 이용하여 수량, 수종명칭, 규격을 반드시 표기하시오.

소나무(H4.0×W2.0), 소나무(H3.0×W1.5), 소나무(H2.5×W1.2), 스트로브잣나무(H2.5×W1.2), 스트로브잣나무(H2.0×W1.0), 왕벚나무(H4.5×B15), 버즘나무(H3.5×B8), 느티나무(H3.0×R6), 청단풍(H2.5×R8), 중국단풍(H2.5×R5), 자귀나무(H2.5×R6), 산딸나무(H2.0×R5), 산수유(H2.5×R7), 꽃사과(H2.5×R5), 수수꽃다리(H1.5×W0.6), 병꽃나무(H1.0×W0.4), 쥐똥나무(H1.0×W0.3), 명자나무(H0.6×W0.4), 산철쭉(H0.3×W0.4), 자산홍(H0.3×W0.3), 조릿대(H0.6×7가지)

12) B-B' 단면도는 경사, 포장재료, 경계선 및 기타 시설물의 기초, 주변의 수목, 중요 시설물, 이용자 등을 단면도상에 반드시 표기하시오.

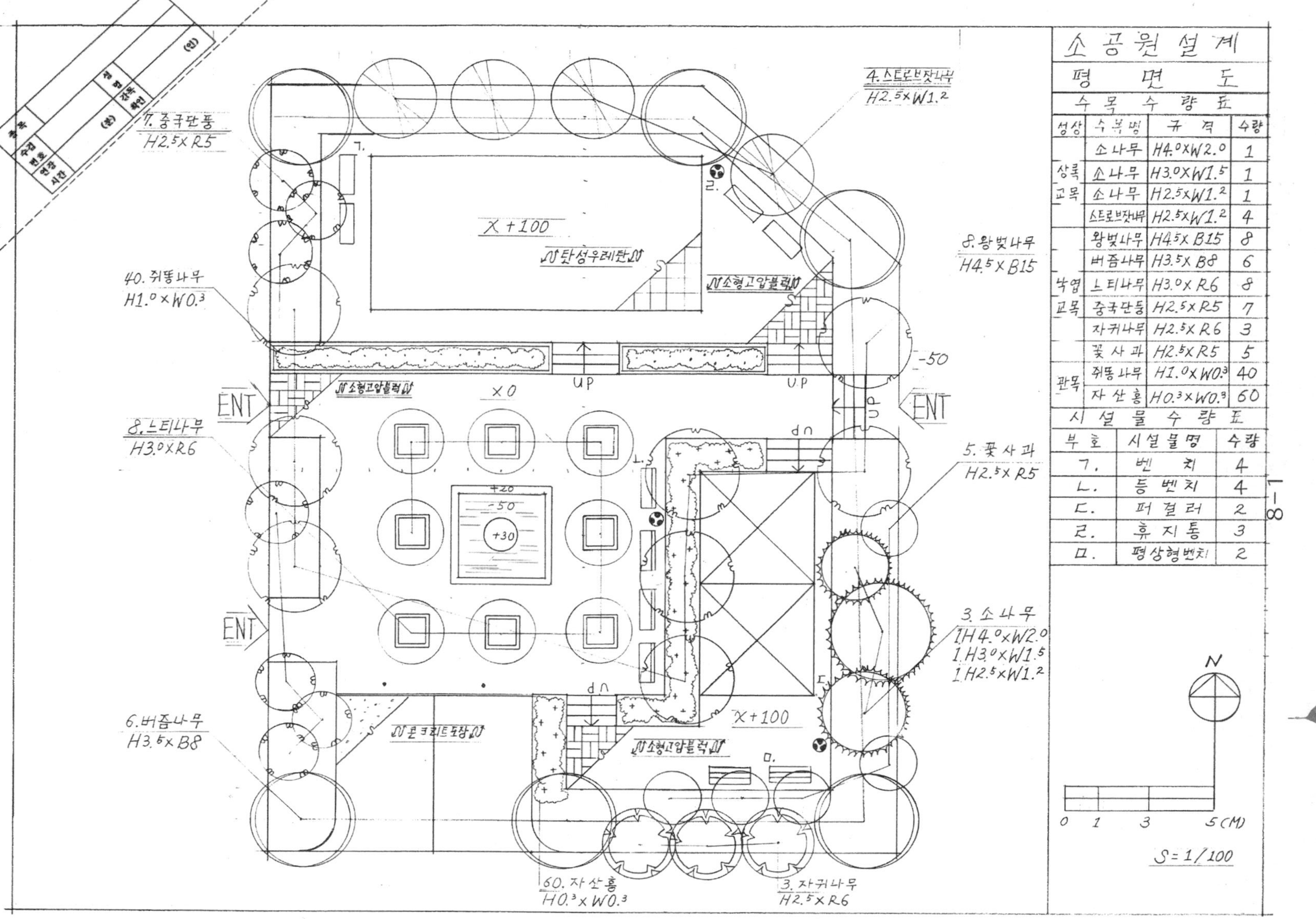

소공원설계
평 면 도
수 목 수 량 표
성상 수목명 규격 수량
상록교목 소나무 H4.0×W2.0 1
소나무 H3.0×W1.5 1
소나무 H2.5×W1.2 1
스트로브잣나무 H2.5×W1.2 4
낙엽교목 왕벚나무 H4.5×B15 8
버즘나무 H3.5×B8 6
느티나무 H3.0×R6 8
중국단풍 H2.5×R5 7
자귀나무 H2.5×R6 3
꽃사과 H2.5×R5 5
관목 쥐똥나무 H1.0×W0.3 40
자산홍 H0.3×W0.3 60
시 설 물 수 량 표
부호 시설물명 수량
ㄱ. 벤치 4
ㄴ. 등벤치 4
ㄷ. 퍼걸러 2
ㄹ. 휴지통 3
ㅁ. 평상형벤치 2
8-1
N
0 1 3 5(M)
S=1/100
4. 스트로브잣나무
H2.5×W1.2
7. 중국단풍
H2.5×R5
8. 왕벚나무
H4.5×B15
40. 쥐똥나무
H1.0×W0.3
X+100
탄성우레탄
소형고압블럭
소형고압블럭
-50
UP
UP
×0
ENT
ENT
ENT
8. 느티나무
H3.0×R6
+20
-50
+30
5. 꽃사과
H2.5×R5
3. 소나무
1H4.0×W2.0
1H3.0×W1.5
1H2.5×W1.2
6. 버즘나무
H3.5×B8
콘크리트포장
X+100
소형고압블럭
60. 자산홍
H0.3×W0.3
3. 자귀나무
H2.5×R6

05. 평면도 그리기 (4)

● "상징 조각물과 단차가 있는 소공원" 평면도의 연습과 해답

1. 현황도

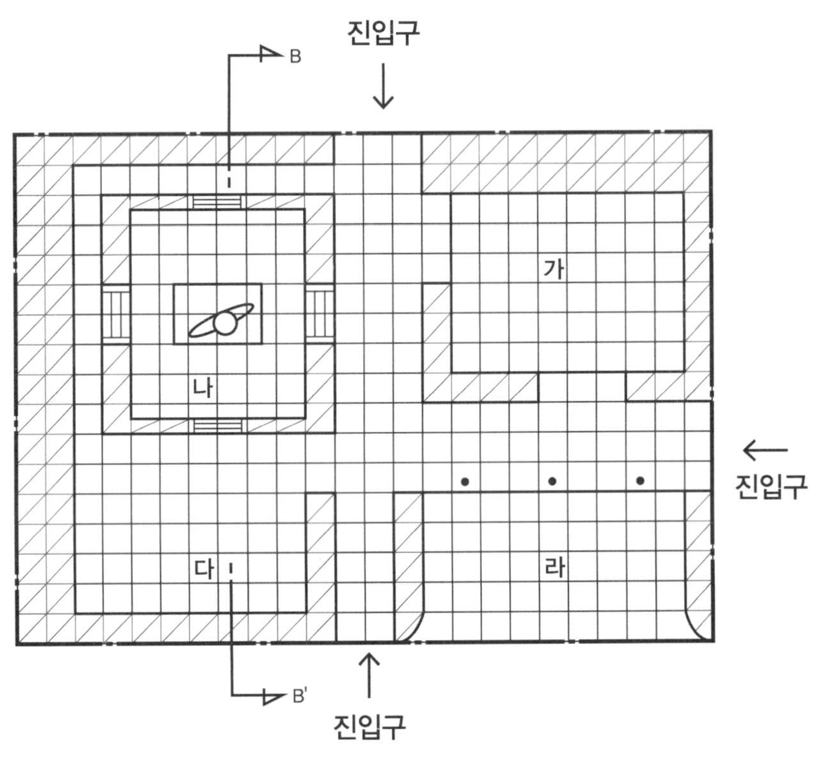

2. 요구사항

1) 식재평면도를 위주로 한 조경계획도를 축척 1/100로 작성한다(지급용지 1).
2) 도면 오른쪽 위에 작업명칭을 작성한다.
3) 도면 오른쪽에는 "중요시설물 수량표와 수목(식재)수량표"를 작성하고, 수량표 아래쪽 "방위표시와 막대축척"을 그려 넣는다(단, 전체 대상지의 길이를 고려하여 범례표의 폭을 조정할 수 있다).
4) 도면의 전체적인 안정감을 위하여 "테두리선"을 넣는다.
5) B-B' 단면도를 축척 1/100로 작성한다(지급용지 2).

3. 요구조건

1) 해당 지역은 도로변의 자투리 공간을 이용하여 휴식 및 어린이들이 즐길 수 있는 기념공원으로, 공원의 특징을 고려하여 조경계획도를 작성한다.
2) 포장지역을 제외한 곳에는 가능한 식재를 실시한다(녹지공간은 빗금친 부분).
3) 포장지역은 "소형고압블록, 콘크리트, 모래, 마사토, 투수콘크리트" 등 적당한 위치에 선택하여 표시하고, 포장명을 기입한다.
4) "가" 지역은 놀이공간으로 계획하고 그 안에 어린이놀이시설을 3종 배치한다.
5) "다" 지역은 휴식공간으로 이용자들의 편안한 휴식을 위해 퍼걸러(5,000×5,000mm) 1개와 앉아서 휴식을 즐길 수 있도록 등벤치 3개를 계획 설계한다.
6) "라" 지역은 주차공간으로 소형자동차(3,000×5,000mm) 3대가 주차할 수 있는 공간으로 계획하고 설계한다.
7) "나" 지역은 "가", "다", "라" 지역보다 1m 높은 지역으로 기념광장으로 계획하고, 적당한 곳에 벤치 3개를 배치한다.
8) 대상지 내에 보행자 통행에 지장을 주지 않는 곳에 2인용 평상형 벤치(1,200×500mm) 4개(단, 퍼걸러 안에 설치된 벤치는 제외), 휴지통 3개소를 설치한다.
9) 대상지 내에는 유도식재, 녹음식재, 경관식재, 소나무 군식 등의 식재패턴을 필요한 곳에 적당히 배식하고, 필요한 곳에 수목보호대를 설치

하여 포장 내에 식재를 한다.

10) 수목은 아래에 주어진 수종 중에서 종류가 다른 10가지를 선정하여 골고루 안정적인 배식이 될 수 있도록 계획하며, 인출선을 이용하여 수량, 수종명칭, 규격을 반드시 표기한다.

> 소나무(H4.0×W2.0), 소나무(H3.0×W1.5), 소나무(H2.5×W1.2), 스트로브잣나무(H2.5×W1.2), 스트로브잣나무(H2.0×W1.0), 왕벚나무(H4.5×B15), 버즘나무(H3.5×B8), 느티나무(H3.0×R6), 청단풍(H2.5×R8), 중국단풍(H2.5×R5), 자귀나무(H2.5×R6), 산딸나무(H2.0×R5), 산수유(H2.5×R7), 꽃사과(H2.5×R5), 수수꽃다리(H1.5×W0.6), 병꽃나무(H1.0×W0.4), 쥐똥나무(H1.0×W0.3), 명자나무(H0.6×W0.4), 산철쭉(H0.3×W0.4), 자산홍(H0.3×W0.3), 조릿대(H0.6×7가지)

11) B-B' 단면도는 경사, 포장재료, 경계선 및 기타 시설물의 기초, 주변의 수목, 중요시설물, 이용자 등을 단면도상에 반드시 표기한다.

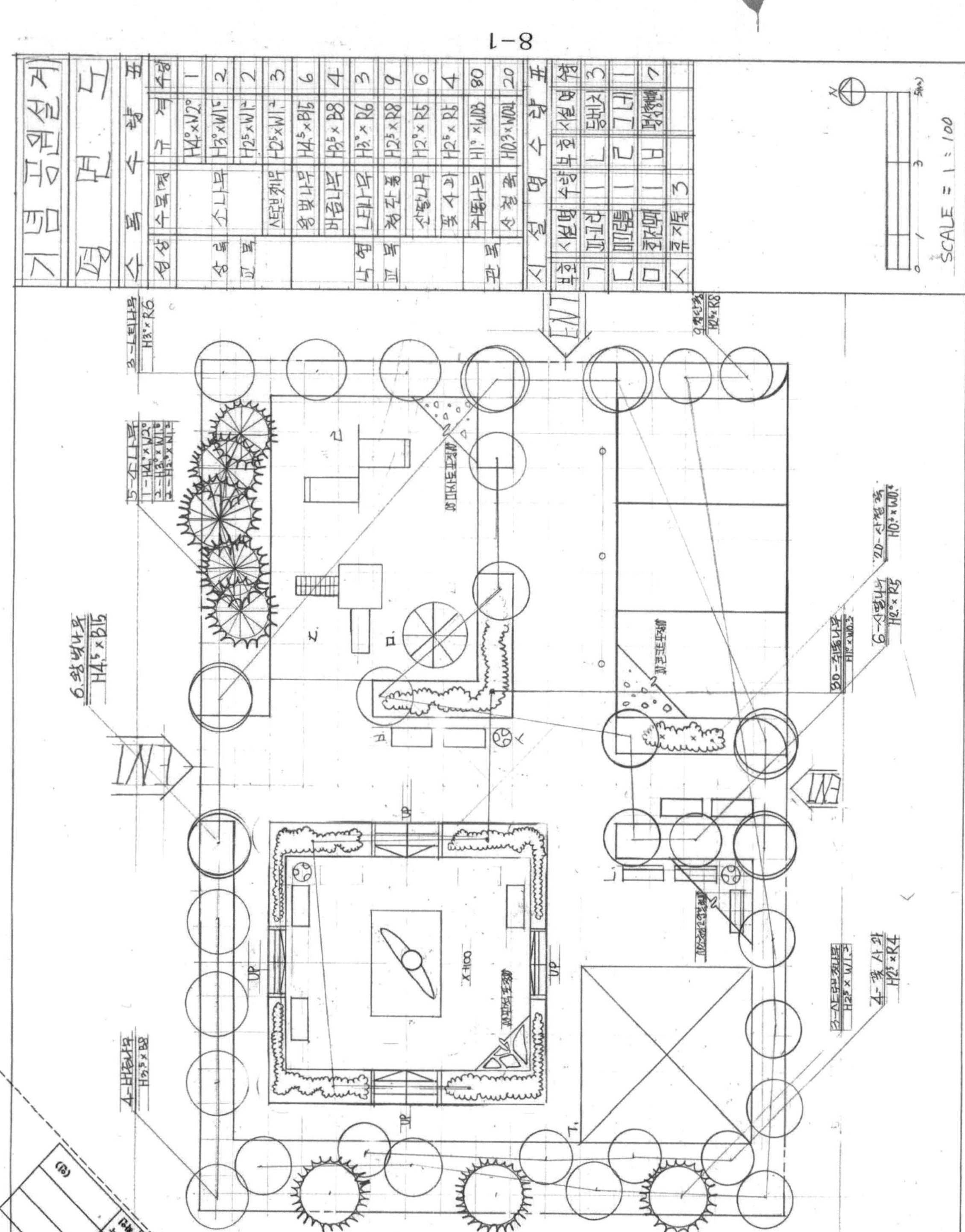
8-1
기념 공원 설계
평면도
SCALE = 1 : 100

06. 기출과제 그리기 (1)

● "문주가 있는 관공서 주변 소공원" 평면도/ 단면도의 연습과 해답

각각의 녹지공간이 단면도 표시점을 기준으로 불필요한 선이 많은 문제이다. 아래쪽 화단을 파악하고, 레벨 및 단면처리에 주의하자. 문주는 문 기둥일 뿐이다. 기존 수목은 그대로 두는 것이 조경 설계시공의 기본이다.

학습목표 : 문주의 이해와 기존 수목의 처리를 알고 레벨 처리한다.

설계문제 : 우리나라 중부지역에 위치한 관공서 주변의 빈 공간에 대한 조경설계를 하고자 한다. 주어진 현황도를 참조하여 요구조건에 따라 조경계획도를 작성하시오(지급용지1).

1. 현황도

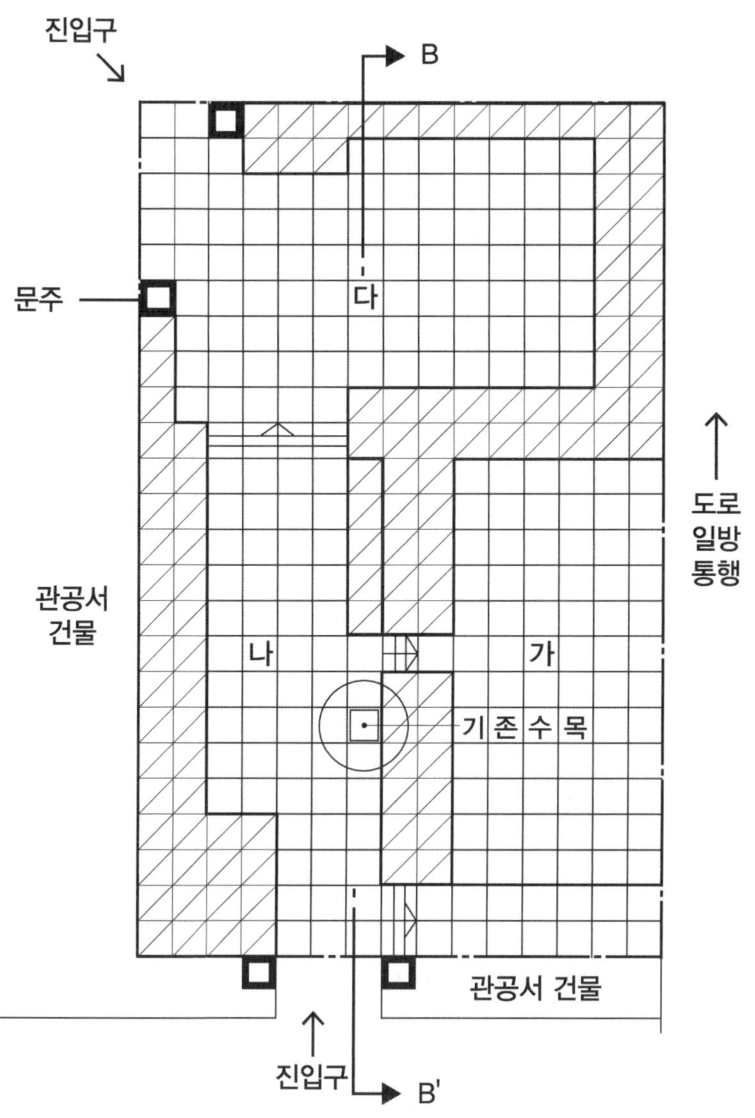

*참조 : 격자 한 눈금이 1M

2. 요구사항

1) 식재평면도를 위주로 한 조경계획도를 축척 1/100로 작성하시오(지급용지 1).
2) 도면 오른쪽 위에 작업명칭을 "관공서 주변 휴식 공간"이라고 작성하시오.
3) 도면 오른쪽에는 "중요 시설물수량표와 수목수량표"를, 오른쪽 아래쪽에는 "방위와 막대축척"을 그려 넣으시오(단, 전체 대상지의 길이를 고려하여 범례표를 조정하여 작성한다).
4) 도면 전체적인 안정감을 위하여 "테두리선"을 넣으시오.
5) B-B' 단면도를 축척 1/100로 작성하시오(지급용지 2).

3. 요구조건

1) 해당 지역이 관공서 건물에 접한 휴식공간과 전용(일방)도로임을 주지하고, 그 특성에 맞는 조경계획도를 작성하시오.
2) 포장지역을 제외한 곳에 식재가 가능한 장소에는 식재를 하시오.
3) 포장지역은 "소형고압블록"으로 표시하고, "나" 지역은 "가", "다" 지역에 비해 높이가 1m 낮으므로 전체적으로 계획 · 설계 시 고려한다.
4) "가" 지역은 주차장으로 소형자동차(3,000×5,000mm) 4대가 주차할 수 있는 공간으로 설계, "나" 지역은 가로공간으로 3개 수목보호대에 지하고 2m 이상의 녹음수를 단식(單式), "다" 지역은 휴식공간으로 계획하고, 적당한 곳에 퍼걸러(3,500×3,500mm) 1개를 설치한다. 또한 보행자 통행에 지장을 주지 않도록 적당한 대상지 내에 2인용 평상형 벤치(1,200×500mm) 4개를 설치한 것으로 표시한다.
5) 이용자의 통행이 많은 관계로 안전식재, 유도식재, 녹음식재, 경관식재, 소나무 군식 등을 필요한 곳에 적당히 배식하고, 기존의 수목은 그대로 활용하도록 한다.
6) 수목은 아래에 주어진 수종 중에서 10가지를 선정하여 사용하고 인출선을 이용하여 수종명, 수량, 규격을 표기하시오.

소나무(H4.0×W2.0), 소나무(H3.0×W1.5), 소나무(H2.5×W1.2), 스트로브잣나무(H2.5×W1.2), 스트로브잣나무(H2.0×W1.0), 왕벚나무(H4.5×B15), 버즘나무(H3.5×B8), 느티나무(H3.0×R6), 청단풍(H2.5×R8), 중국단풍(H2.5×R5), 자귀나무(H2.5×R6), 산딸나무(H2.0×R5), 산수유(H2.5×R7), 꽃사과(H2.5×R5), 수수꽃다리(H1.5×W0.6), 병꽃나무(H1.0×W0.4), 쥐똥나무(H1.0×W0.3), 명자나무(H0.6×W0.4), 산철쭉(H0.3×W0.4), 자산홍(H0.3×W0.3), 조릿대(H0.6×7가지)

7) 경사, 포장재료, 경계선 및 기타 시설물의 기초, 주변의 수목 등을 단면도상에 표시하시오.

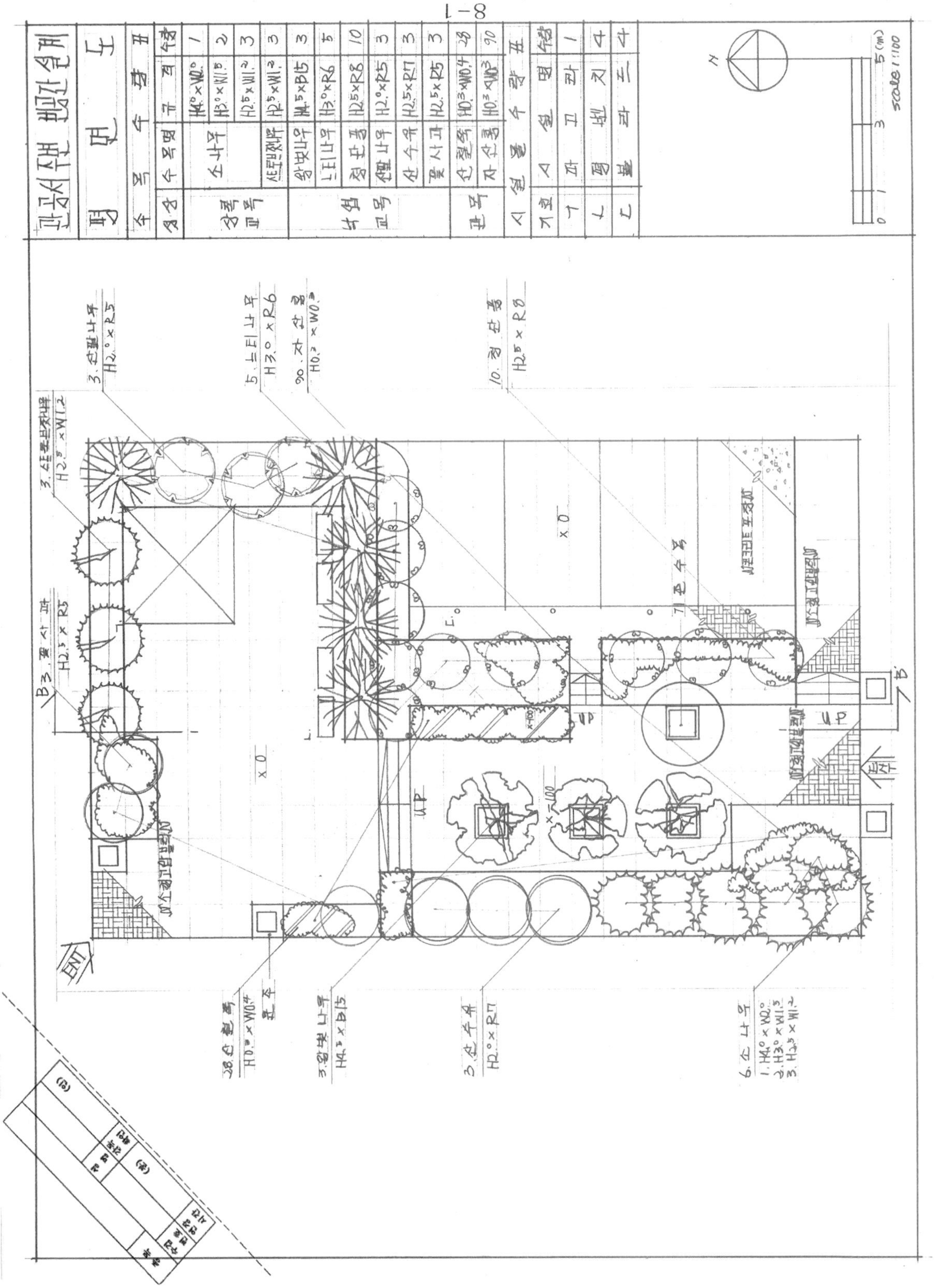

8-1

관공서 주변 빈공간 설계

평면도

수목수량표

성상	수목명	규격	수량
상록교목	소나무	H4.0×W2.0	1
		H3.0×W1.5	2
		H2.5×W1.2	3
	스트로브잣나무	H2.5×W1.2	3
낙엽교목	왕벚나무	H4.5×B15	3
	느티나무	H3.0×R6	5
	청단풍	H2.5×R8	10
	산딸나무	H2.0×R5	3
	산수유	H2.5×R7	3
	꽃사과	H2.5×R5	3
관목	산철쭉	H0.3×W0.4	28
	자산홍	H0.3×W0.3	90

시설물수량표

기호	시설명	수량
ㄱ	파고라	1
ㄴ	평벤치	4
ㄷ	볼라드	4

N

0 1 3 5(m)
scale 1:100

B3. 꽃사과
H2.5 × R5

3. 스트로브잣나무
H2.5 × W1.2

3. 산딸나무
H2.0 × R5

5. 느티나무
H3.0 × R6

90. 자산홍
H0.3 × W0.3

10. 청단풍
H2.5 × R8

28. 산철쭉
H0.3 × W0.4
윤주

3. 왕벚나무
H4.5 × B15

3. 산수유
H2.0 × R7

6. 소나무
1. H4.0 × W2.0
2. H3.0 × W1.5
3. H2.5 × W1.2

ENT

소형고압블럭

콘크리트포장

기존수목

UP

B'

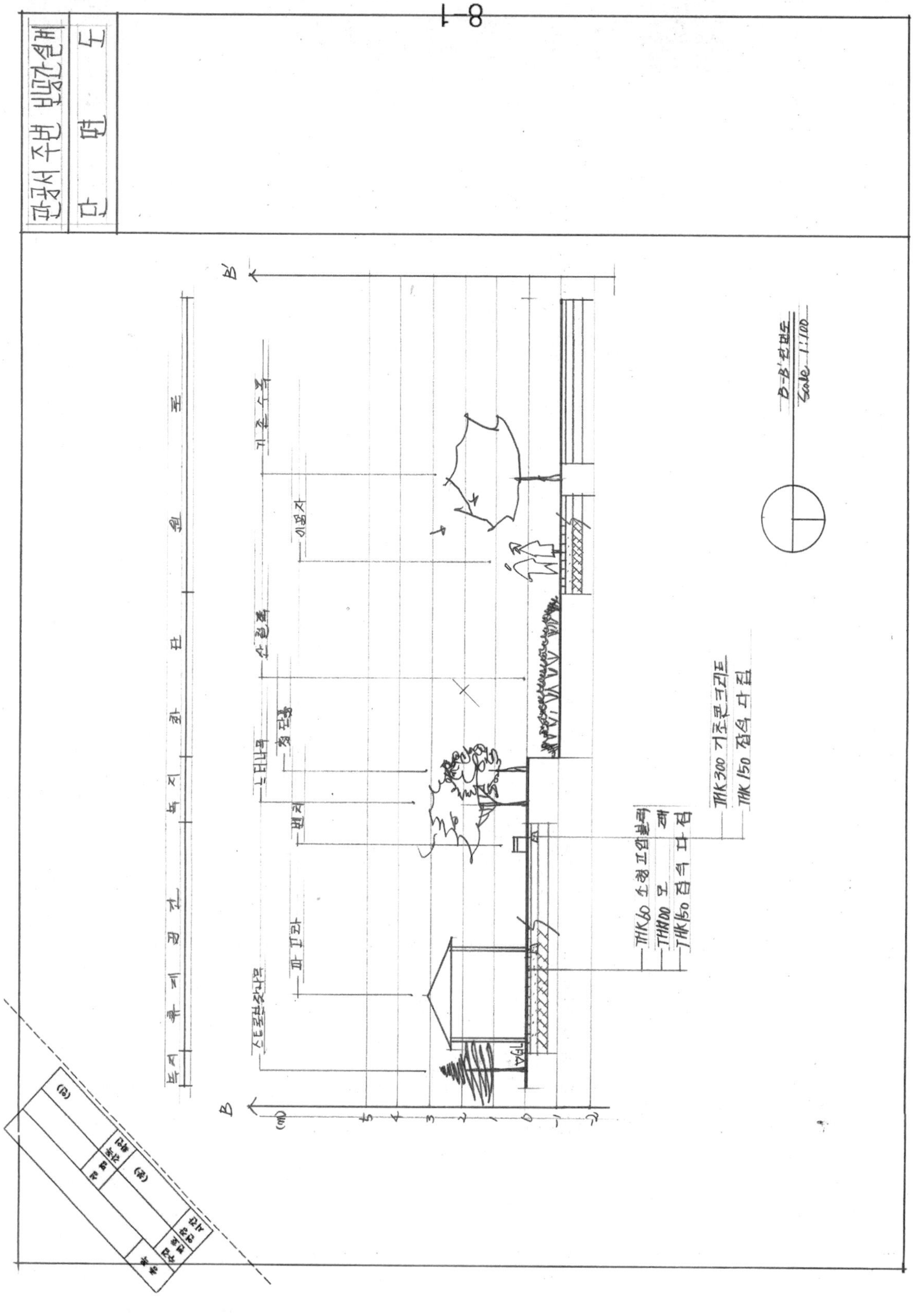

관공서 주변 빈공간설계
단 면 도

8-1

녹지 휴게공간 녹지 화단 원로

B B'

(m) 5 4 3 2 1 0 -1 -2

스트로브잣나무

파고라

벤치

느티나무

청단풍

산철쭉

이용자

기존수목

GL

THK60 소형고압블럭
THK100 모래
THK150 잡석다짐

THK300 기초콘크리트
THK150 잡석다짐

B-B' 단면도
Scale 1:100

07. 기출과제 그리기 (2)

● "수변공간 있는 소공원" 평면도/ 단면도의 연습

식수대를 기준으로 레벨차이를 파악하고, 수경공간에 있는 사각형은 수경공간을 건너가는 데크정도로 파악한다. 이제부터 선의 굵기는 도면윤곽선 → 부지경계선 → 레터링/시설및수목 → 포장 → 치수보조선과 인출선 등을 가장 연하게 작성하도록 하자.

학습목표 : 최근 기출문제로, 외우듯이 익혀두자.

설계문제 : 우리나라 중부지역에 위치한 도로변 빈공간 소공원에 대한 조경설계를 하고자 한다. 주어진 현황도 및 아래 사항을 참조하여 설계조건에 따라 조경계획도를 작성하시오.

1. 현황도

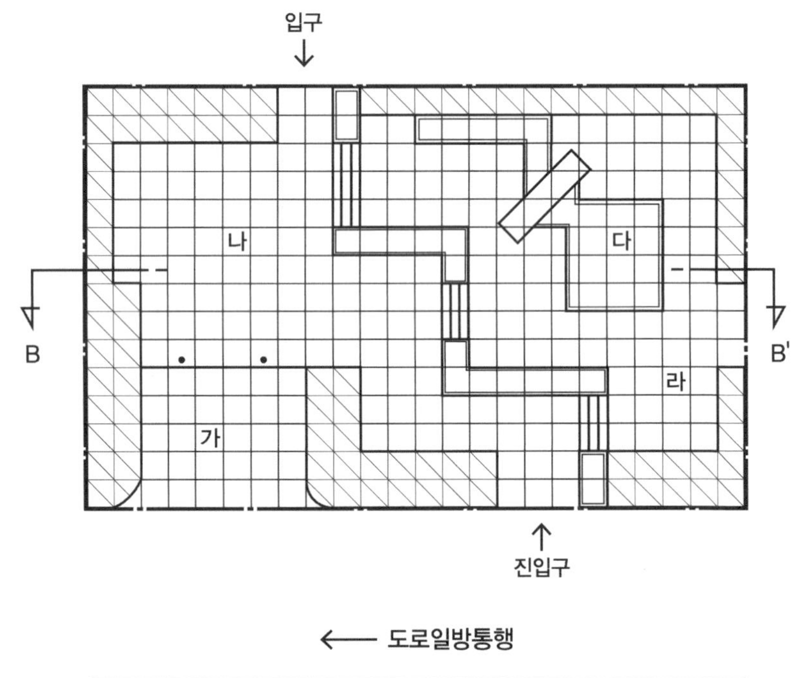

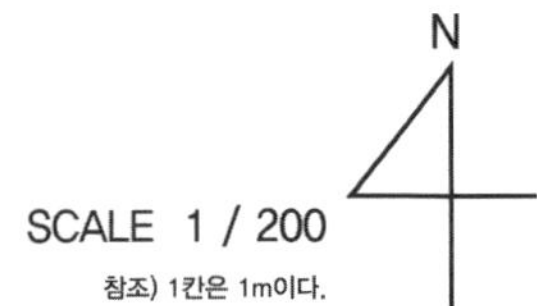

2. 요구사항

1) 식재 평면도를 위주로 한 조경계획도를 축척 1/100로 작성하시오(지급용지-1).
2) 도면 오른쪽 위에 작업명칭 작성하시오.
3) 도면 오른쪽에는 "주요시설물 수량표와 수목(식재)수량표"를 함께 작성하고, 수량표 아래쪽 여백을 이용하여 "방위표시와 막대축척"을 반드시 그려 넣으시오(단, 전체대상지의 길이를 고려하여 범례표의 폭을 조정할 수 있다).
4) 도면 전체적인 안정감을 위하여 "테두리선"을 작성하시오.
5) 도로변 소공원 부지내의 B~B` 단면도를 축척 1/100로 작성하시오(지급용지-2).

3. 설계조건

1) 해당지역은 도로변의 자투리 공간을 이용하여 휴식 및 어린이들이 즐길 수 있는 도로변 소공원으로 공원의 특징을 고려하여 조경계획도를 작성하시오.
2) 포장지역을 제외한 곳에는 모두 식재를 실시하시오(단, 녹지공간은 빗금친 부분, 분위기 고려하여 식재 실시하시오).
3) 포장지역은 "점토벽돌, 화강석블럭포장, 콘크리트, 고무칩, 마사토, 투수콘크리트 등" 적당한 재료를 선택하여 재료의 사용이 적합한 장소에 기호로 표현하고, 포장명칭을 반드시 기입하시오.
4) "가" 지역은 주차공간으로 소형자동차(3,000×5,000mm) 2대가 주차할 수 있도록 계획하고 설계하시오.
5) "나" 지역은 정적인 휴식공간으로 이용자들의 편안한 휴식을 위해 파고라(3,000×5000mm) 1개소를 설치하시오.
6) 대상지 내에 보행자 통행에 지장을 주지 않는 곳에 2인용 평상형 벤치(1,200×500mm) 4개(단, 파고라안에 설치된 벤치는 제외), 휴지통 3개소를 설치하시오.
7) "다" 지역은 수(水)공간으로 수심은 60cm 깊이로 설계 · 계획하십시오.
8) "가", "나"지역은 "라"지역보다 높이차가 1m 높고, 그 높이 차이를 식수대(Plant Box)로 처리하였으므로 적합한 조치를 계획하시오.
9) 대상지 내에는 유도식재, 녹음식재, 경관식재, 소나무 군식 등의 식재

패턴을 필요한 곳에 배식하고, 필요한 곳에 수목보호대를 설치하여 포장 내에 식재를 하시오.

10) 수목은 아래에 주어진 수종 중에서 종류가 다른 10가지를 반드시 선정하여 골고루 안정적인 배식이 될 수 있도록 계획하며, 인출선을 이용하여 수량, 수종명칭, 규격을 반드시 표기하시오.

소나무(H4.0×W2.0), 소나무(H3.0×W1.5), 소나무(H2.5×W1.2), 스트로브잣나무(H2.5×W1.2), 스트로브잣나무(H2.0×W1.0), 왕벚나무(H4.5×B15), 버즘나무(H3.5×B8), 느티나무(H3.0×R6), 청단풍(H2.5×R8), 다정큼나무(H1.0×W0.6), 동백나무(H2.5×R8), 중국단풍(H2.5×R5), 굴거리나무(H1.0×W0.6), 자귀나무(H2.5×R6), 태산목(H1.5×W0.5), 먼나무(H2.5×R5), 산딸나무(H2.0×R5), 산수유(H2.5×R7), 꽃사과(H2.5×R5), 수수꽃다리(H1.5×W0.6), 병꽃나무(H1.0×W0.4), 쥐똥나무(H1.0×W0.3), 명자나무(H0.6×W0.4), 산철쭉(H0.3×W0.4), 자산홍(H0.3×W0.3), 영산홍(H0.3×W0.3), 조릿대(H0.6×7가지)

9) B-B\` 단면도는 경사, 포장재료, 경계선 및 기타 시설물의 기초, 주변의 수목, 중요 시설물, 이용자 등을 단면도상에 반드시 표기하고 높이차를 한눈에 볼 수 있도록 설계하시오.

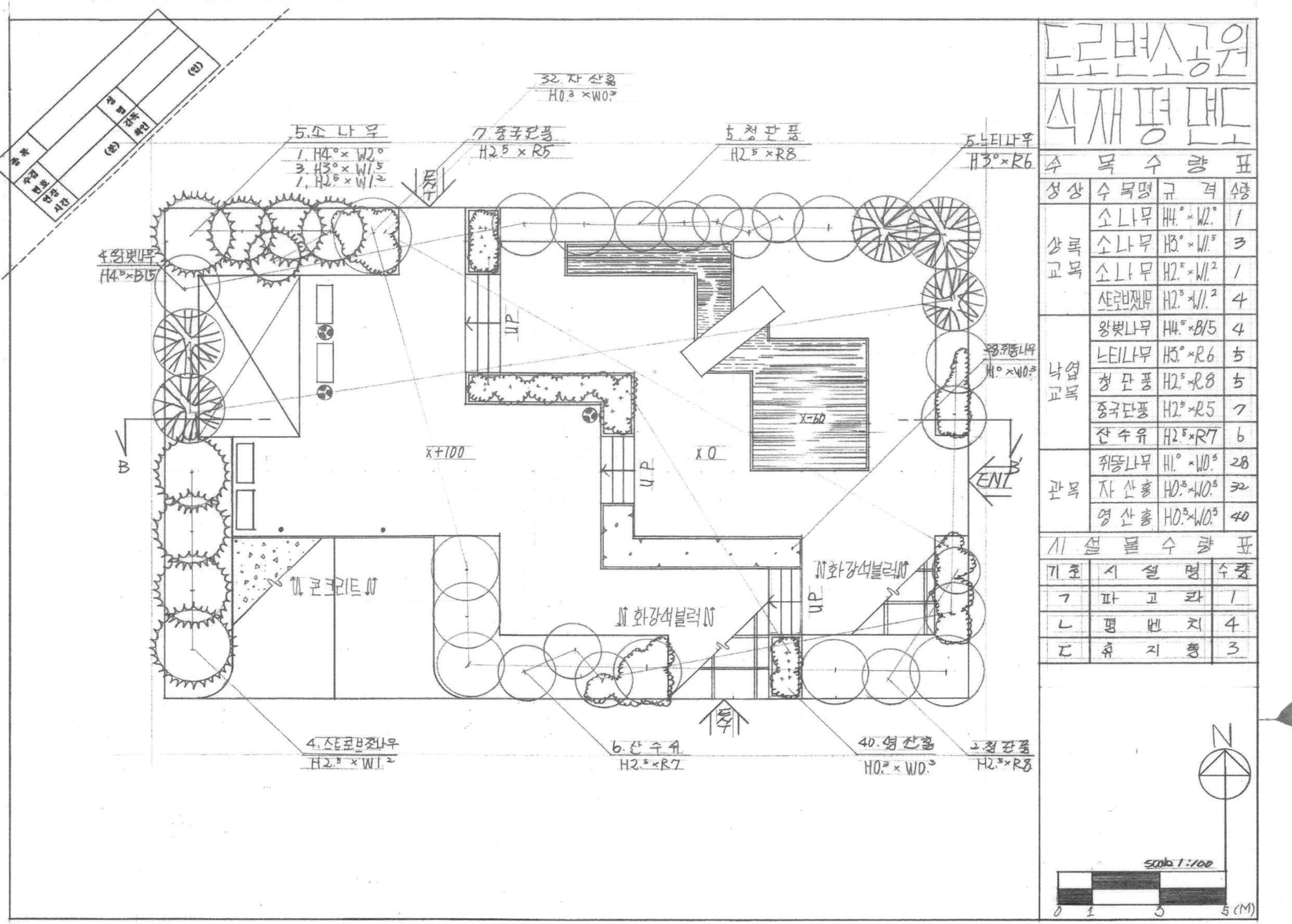

도로변소공원
식재평면도
수목수량표
성상 | 수목명 | 규격 | 수량
상록교목 | 소나무 | H4.0×W2.0 | 1
소나무 | H3.0×W1.5 | 3
소나무 | H2.5×W1.2 | 1
스트로브잣나무 | H2.5×W1.2 | 4
낙엽교목 | 왕벚나무 | H4.5×B15 | 4
느티나무 | H3.0×R6 | 5
청단풍 | H2.5×R8 | 5
중국단풍 | H2.5×R5 | 7
산수유 | H2.5×R7 | 6
관목 | 쥐똥나무 | H1.0×W0.3 | 28
자산홍 | H0.3×W0.3 | 32
영산홍 | H0.3×W0.3 | 40
시설물수량표
기호 | 시설명 | 수량
ㄱ | 파고라 | 1
ㄴ | 평벤치 | 4
ㄷ | 휴지통 | 3
5.소나무
1. H4.0×W2.0
3. H3.0×W1.5
1. H2.5×W1.2
7.중국단풍 H2.5×R5
32.자산홍 H0.3×W0.3
5.청단풍 H2.5×R8
5.느티나무 H3.0×R6
4.왕벚나무 H4.5×B15
28.쥐똥나무 H1.0×W0.3
4.스트로브잣나무 H2.5×W1.2
6.산수유 H2.5×R7
40.영산홍 H0.3×W0.3
2.청단풍 H2.5×R8
콘크리트
화강석블럭
UP
ENT
X+100
X0
X-60
B
B'
N
scale 1:100
0 1 3 5 (M)

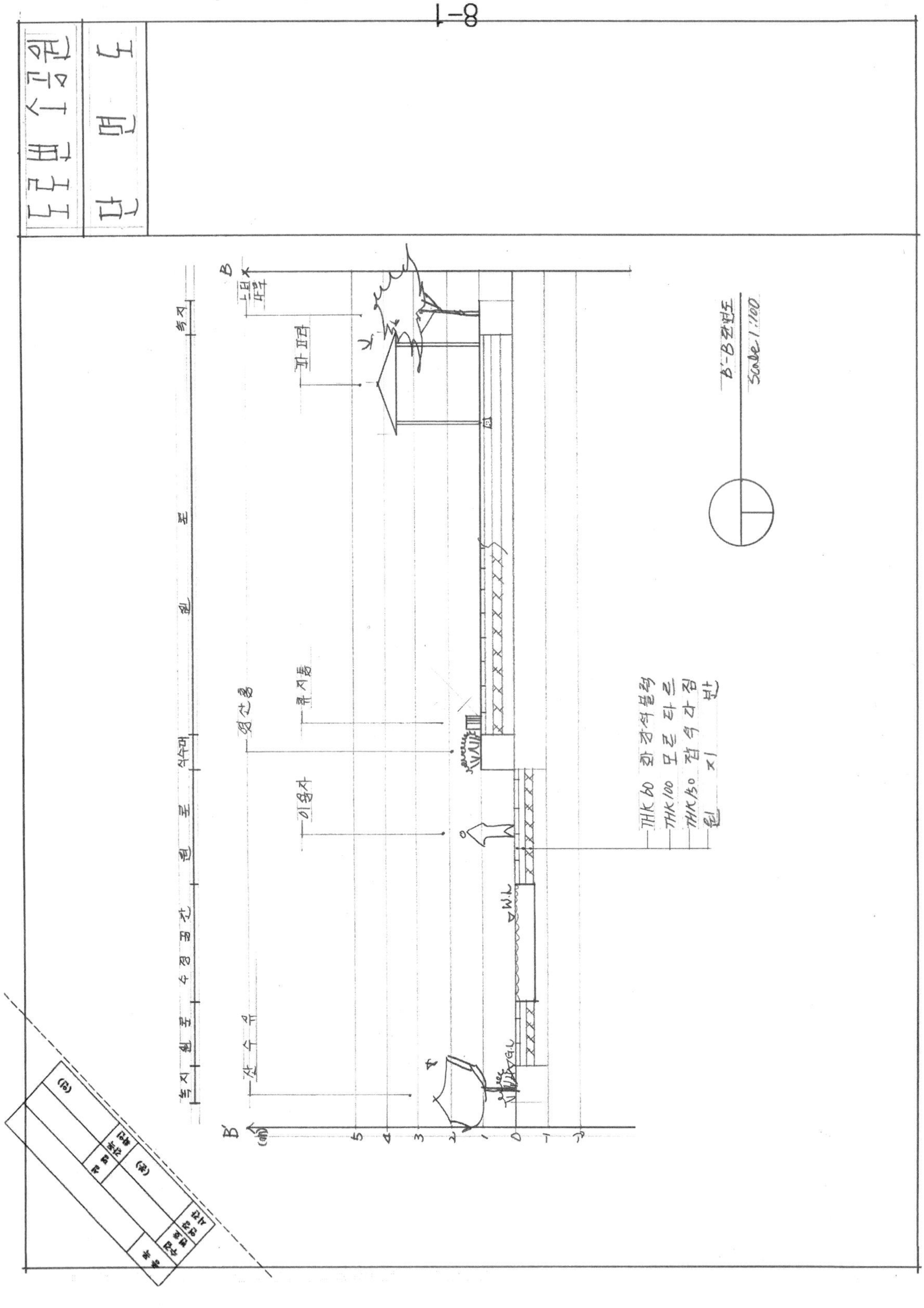

8-1

도로변 소공원

단면도

B'-B 단면도
Scale 1:100

녹지 | 원로 | 수경공간 | 원로 | 식수대 | 원로 | 녹지

산수유 | 이용자 | 영산홍 | 휴지통 | 파고라 | 느티나무

THK60 화강석블럭
THK100 모르타르
THK150 잡석다짐
원지반

W.L
G.L

(m) 5 4 3 2 1 0 -1 -2

08. 기출과제 그리기 (3)

● "1m 높은 부지의 레벨 : 소공원" 평면도/ 단면도의 연습과 해답

학습목표 : 최근 기출문제로, 외우듯이 익혀두자. 대각선 단면도에 주의하자.

설계문제 : 우리나라 중부지역에 위치한 도로변 어린이 소공원에 대한 조경설계를 하고자 한다. 주어진 현황도 및 아래 사항을 참조하여 설계조건에 따라 조경계획도를 작성하시오.

대각선 단면도의 업그레이드 형태로 전체 부지가 1m가 높은 상태에서의 수경공간 레벨에 주의하도록 하자!

단면도 그리기 설명 부분의 사진을 다시 정독해서 파악하기 바란다.
왜? +40으로 적는 이유를 알자.

단면도 그리기 TIP!
평면도상 표시된 단면도 표시선(B'–B)의 뾰족한 부분이 위를 향하도록 놓고 그리면 된다(숙련이 필요하니 조급해 하지 말고 차근히 접근하길 바란다).

2016년 1회차에 한 번 더 나온 문제이므로 주의깊게 보자.

1. 현황도

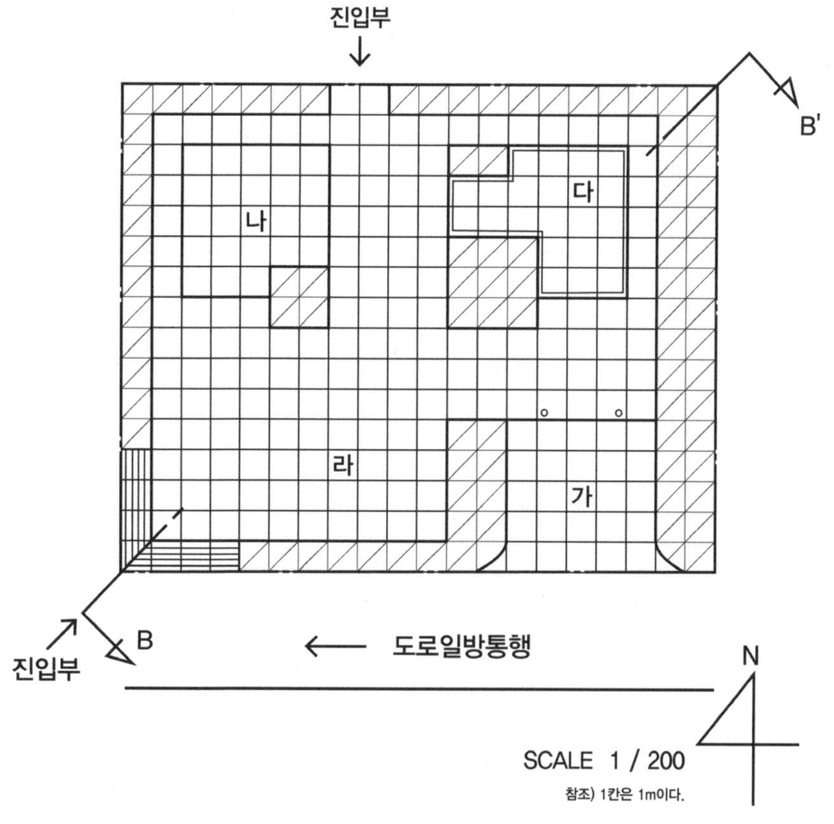

2. 요구사항

1) 식재평면도를 위주로 한 조경계획도를 축척 1/100로 작성하시오(지급용지-1).
2) 도면 오른쪽 위에 작업명칭 작성하시오.
3) 도면 오른쪽에는 "주요시설물 수량표와 수목(식재)수량표"를 함께 작성하고, 수량표 아래쪽 여백을 이용하여 "방위표시와 막대축척"을 반드시 그려 넣으시오(단, 전체대상지의 길이를 고려하여 범례표의 폭을 조정할 수 있다).
4) 도면 전체적인 안정감을 위하여 "테두리선"을 작성하시오.
5) 도로변 소공원 부지 내의 B~B' 단면도를 축척 1/100로 작성하시오(지급용지-2).

3. 설계조건

1) 해당지역은 도로변의 자투리 공간을 이용하여 휴식 및 어린이들이 즐길 수 있는 도로변 소공원으로 공원의 특징을 고려하여 조경계획도를 작성하시오.
2) 포장지역을 제외한 곳에는 모두 식재를 실시하시오(단, 녹지공간은 빗금친 부분, 분위기를 고려).
3) 포장지역은 "점토블록, 콘크리트, 고무칩, 마사토, 화강석판, 등" 적당한 재료를 선택하여 재료의 사용이 적합한 장소에 기호로 표현하고, 포장명칭을 반드시 기입하시오.
4) "가" 지역은 주차공간으로 2,500×5,000mm 계획하시오.
5) "나" 지역은 놀이공간으로 계획하고, 그 안에 어린이 놀이시설물을 3종류 배치하시오.
6) "라"지역은 휴식공간으로 이용자들의 편안한 휴식을 위해 파고라(3,500×5,000mm) 1개와 그 안에 벤치 4개, 주변에 등벤치 2개를 계획 설계하시오.
7) "다" 지역은 수경공간으로 수심은 60cm 주변보다 낮다.
8) 대상지 내에는 유도식재, 녹음식재, 경관식재, 소나무 군식 등의 식재패턴을 필요한 곳에 배식하고, 대상공간은 주변부지보다 1m 정도 높다.
9) 수목은 아래에 주어진 수종 중에서 종류가 다른 10가지를 반드시 선정하여 골고루 안정적인 배식이 될 수 있도록 계획하며, 인출선을 이용

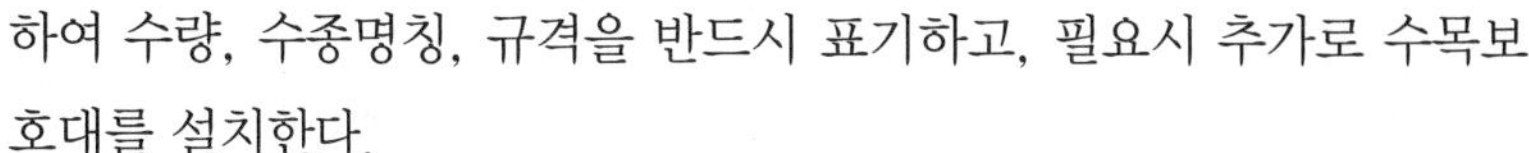

하여 수량, 수종명칭, 규격을 반드시 표기하고, 필요시 추가로 수목보호대를 설치한다.

> 소나무(H4.0xW2.0), 소나무(H3.0xW1.5), 소나무(H2.5xW1.2), 스트로브잣나무(H2.5xW1.2), 스트로브잣나무(H2.0xW1.0), 왕벚나무(H4.5xB15), 버즘나무(H3.5xB8), 느티나무(H3.0xR6), 중국단풍(H2.5xR5), 자귀나무(H2.5xR6), 산딸나무(H2.0xR5), 동백나무(H2.5xR8), 태산목(H1.5xW0.5), 산수유(H2.5xR7), 꽃사과(H2.5xR5), 수수꽃다리(H1.5xW0.6), 병꽃나무(H1.0xW0.4), 쥐똥나무(H1.0xW0.3), 명자나무(H0.6xW0.4), 산철쭉(H0.3xW0.4), 자산홍(H0.3xW0.3), 영산홍(H0.3xW0.3), 조릿대(H0.6x7가지)

9) B-B` 단면도는 경사, 포장재료, 경계선 및 기타 시설물의 기초, 주변의 수목, 중요 시설물, 이용자 등을 단면도상에 반드시 표기하고 높이차를 한눈에 볼 수 있도록 설계하시오.

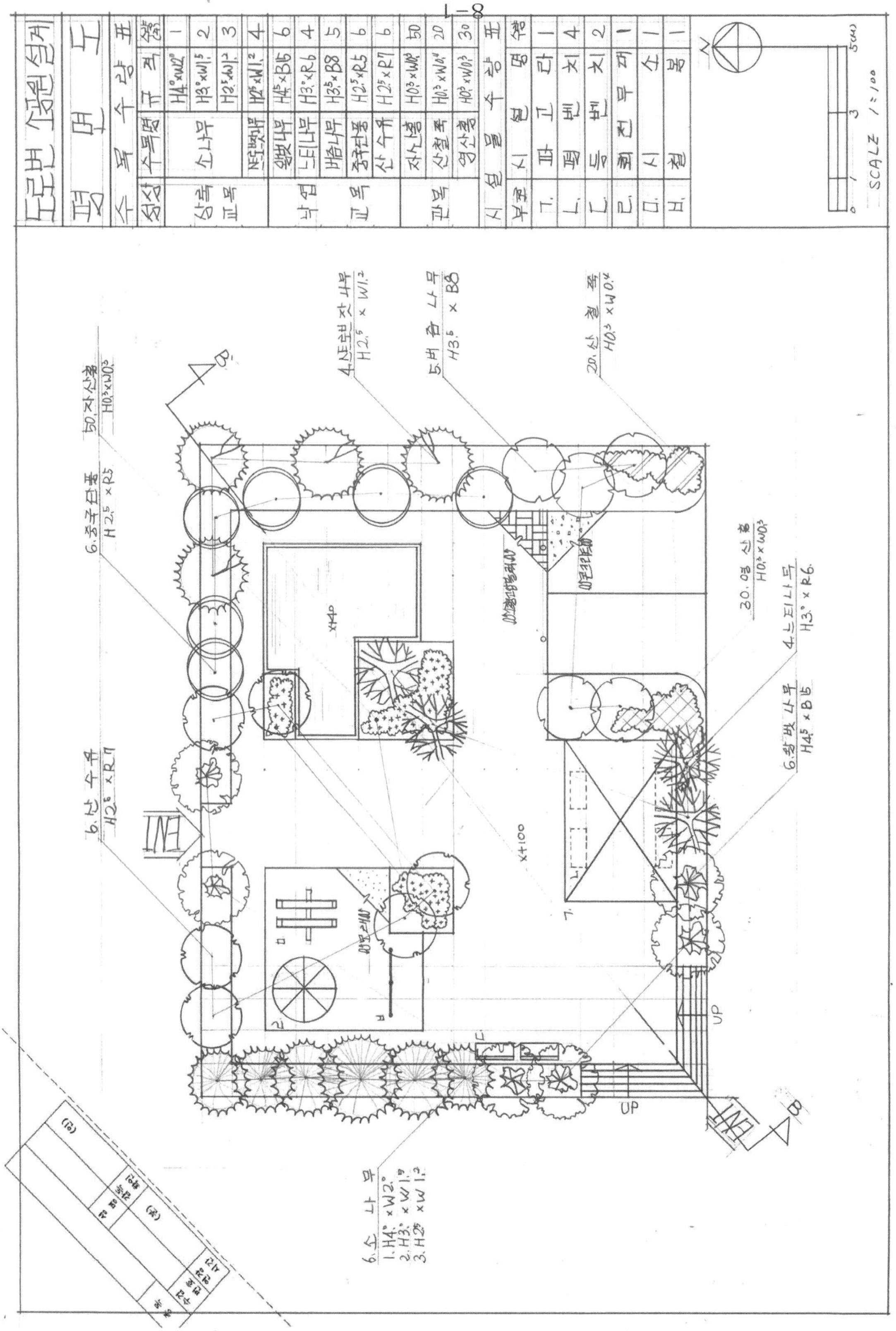

8-1

도로변 소공원 설계

평면도

수목수량표

성상	수목명	규격	수량(주)
상록교목	소나무	H4.0×W2.0	1
		H3.0×W1.5	2
		H2.5×W1.2	3
	스트로브잣나무	H2.5×W1.2	4
낙엽교목	왕벚나무	H4.5×B15	6
	느티나무	H3.0×R6	4
	버즘나무	H3.5×B8	5
	중국단풍	H2.5×R5	6
	산수유	H2.5×R7	6
관목	자산홍	H0.3×W0.3	50
	산철쭉	H0.3×W0.4	20
	영산홍	H0.3×W0.3	30

시설물수량표

부호	시설명	수량
ㄱ.	파고라	1
ㄴ.	평벤치	4
ㄷ.	등벤치	2
ㄹ.	회전무대	1
ㅁ.	시소	1
ㅂ.	철봉	1

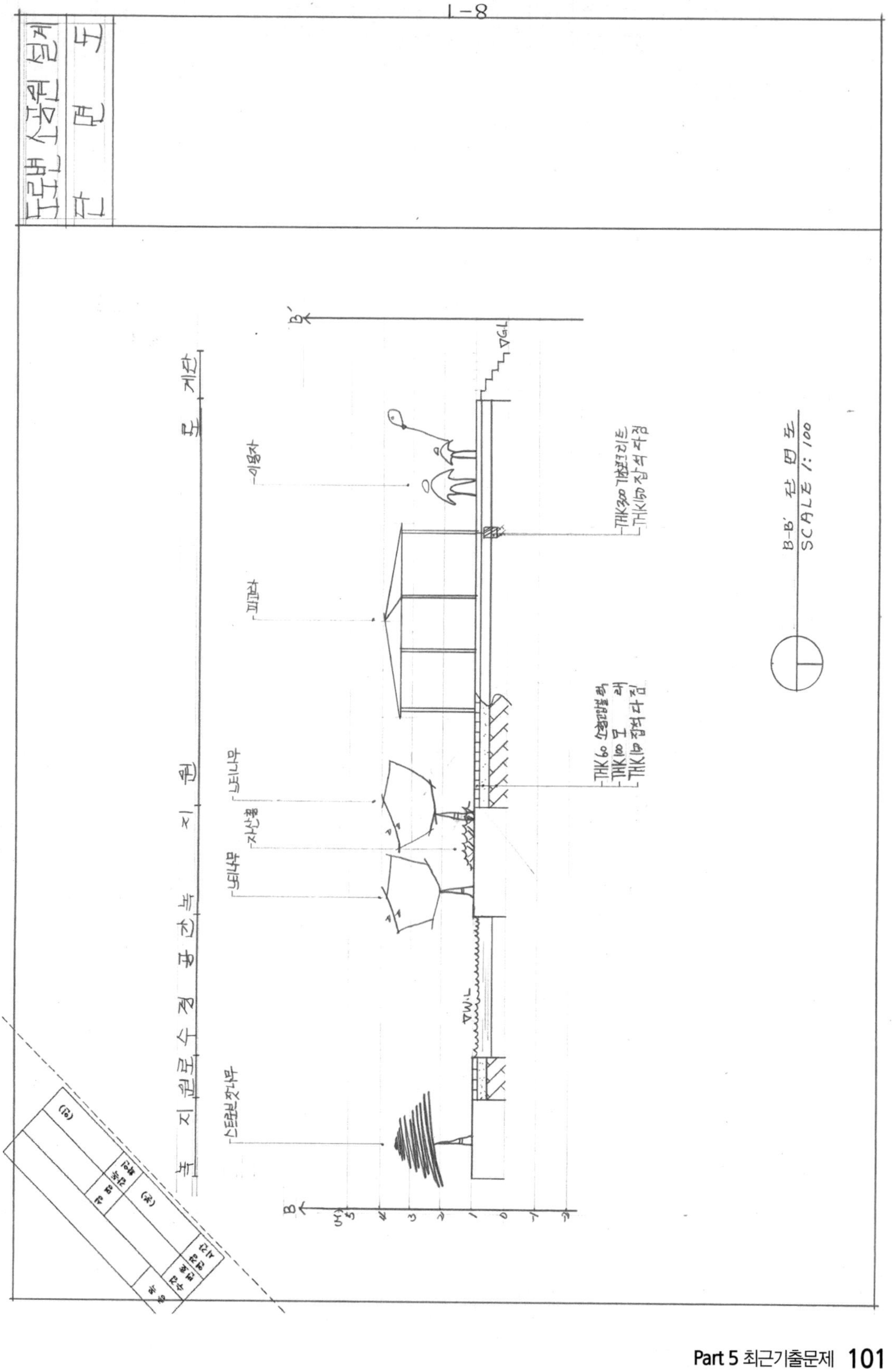

8-1

도로변 소공원 설계

단 면 도

녹지 원로 수경공간 녹지 원로 계단

스트로브잣나무

느티나무

자산홍

느티나무

파고라

이용자

B

B'

(M)

5

4

3

2

1

0

-1

-2

▽W.L

▽GL

THK60 소형고압블럭

THK100 모래

THK150 잡석다짐

THK300 기초콘크리트

THK150 잡석다짐

B-B' 단면도

SCALE 1:100

09. 기출과제 그리기 (4)

● "1m 높은 부지의 레벨 : 소공원" 평면도/ 단면도의 연습과 해답

학습목표 : 최근 기출문제로, 외우듯이 익혀두자. 대각선 단면도에 주의하자.

설계문제 : 우리나라 중부지역에 위치한 도로변의 빈 공간에 대한 조경설계를 하고자 한다. 주어진 현황도 및 아래 사항을 참조하여 설계조건에 따라 조경계획도를 작성하시오(단, 2점 쇄선 안 부분을 조경설계 대상지로 한다).

1. 현황도

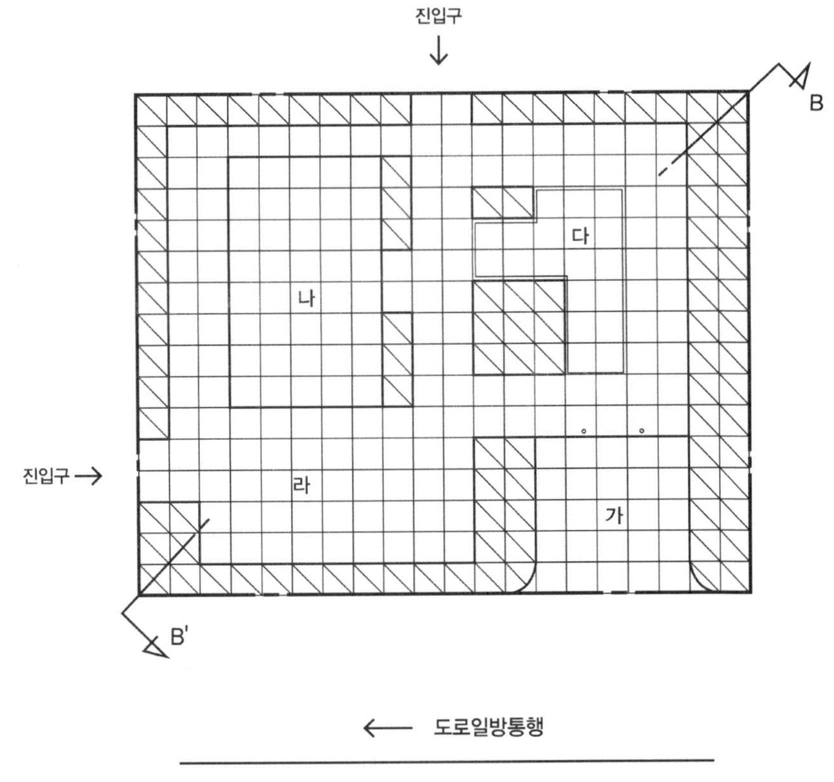

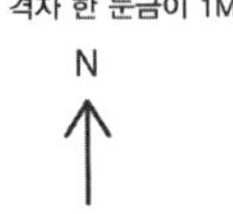

2. 요구사항

1) 식재 평면도를 위주로 한 조경계획도를 축척 1/100로 작성하시오(지급용지-1).
2) 도명 오른쪽 위에 작업명칭을 작성하시오.
3) 도면 오른쪽에는 "주요 시설물 수량표와 수목(식재)수량표"를 함께 작성하고, 수량표 아래쪽 여백을 이용하여 "방위표시와 막대축척"을 반드시 그려 넣으시오(단, 전체 대상지의 길이를 고려하여 범례표의 폭을 조정할 수 있다).
4) 도면의 전체적인 안정감을 위하여 "테두리선"을 작성하시오.
5) 도로변 소공원 부지 내의 B~B' 단면도를 축척 1/100로 작성하시오(지급용지-2).

3. 설계조건

1) 해당 지역은 도로변의 자투리 공간을 이용하여 휴식 및 어린이들이 즐길 수 있는 도로변 소공원으로, 공원의 특징을 고려하여 조경계획도를 작성하시오.
2) 포장지역을 제외한 곳에는 모두 식재를 실시하시오(단, 녹지공간은 빗금친 부분이며 분위기를 고려).
3) 포장지역은 "소형고압블록, 콘크리트, 모래, 마사토, 투수콘크리트 등" 적당한 재료를 선택하여 재료의 사용이 적합한 장소에 기호로 표현하고, 포장명칭을 반드시 기입하시오.
4) "가" 지역은 주차공간으로 소형자동차(2,500×5,000mm) 2대를 주차할 수 있는 공간으로 계획하고 설계하시오.
5) "나" 지역은 놀이공간으로 계획하고, 그 안에 어린이 놀이시설물을 3종류 배치하시오.
6) "다" 지역은 수(水) 공간으로 수심이 60cm 깊이로 설계하시오.
7) "라" 지역은 휴식공간으로 이용자들의 편안한 휴식을 위해 파고라(3,500×3,500mm) 1개와 앉아서 휴식을 즐길 수 있도록 등벤치 2개를 계획 설계하시오.
8) 대상지 내에는 유도식재, 녹음식재, 경관식재, 소나무 군식 등의 식재 패턴을 필요한 곳에 배식하고, 필요에 따라 수목보호대를 추가로 설치하여 포장 내에 식재를 하시오.

9) 수목은 아래에 주어진 수종 중에서 종류가 다른 10가지를 반드시 선정하여 골고루 안정적인 배식이 될 수 있도록 계획하며, 인출선을 이용하여 수량, 수종명칭, 규격을 반드시 표기하시오.

> 소나무(H4.0×W2.0), 소나무(H3.0×W1.5), 소나무(H2.5×W1.2), 스트로브잣나무(H2.5×W1.2), 스트로브잣나무(H2.0×W1.0), 왕벚나무(H4.5×B15), 버즘나무(H3.5×B8), 느티나무(H3.0×R6), 청단풍(H2.5×R8), 다정큼나무(H1.0×W0.6), 동백나무(H2.5×R8), 중국단풍(H2.5×R5), 굴거리나무(H2.5×W0.6), 자귀나무(H2.5×R6), 태산목(H1.5×W0.5), 먼나무(H2.0×R5), 산딸나무(H2.0×R5), 산수유(H2.5×R7), 꽃사과(H2.5×R5), 수수꽃다리(H1.5×W0.6), 병꽃나무(H1.0×W0.4), 쥐똥나무(H1.0×W0.3), 명자나무(H0.6×W0.4), 산철쭉(H0.3×W0.4), 자산홍(H0.3×W0.3), 영산홍(H0.4×W0.3), 조릿대(H0.6×7가지)

9) B-B' 단면도는 경사, 포장재료, 경계선 및 기타 시설물의 기초, 주변의 수목, 중요 시설물, 이용자 등을 단면도상에 반드시 표기하고 높이차를 한눈에 볼 수 있도록 설계하시오.

도로변 소공원

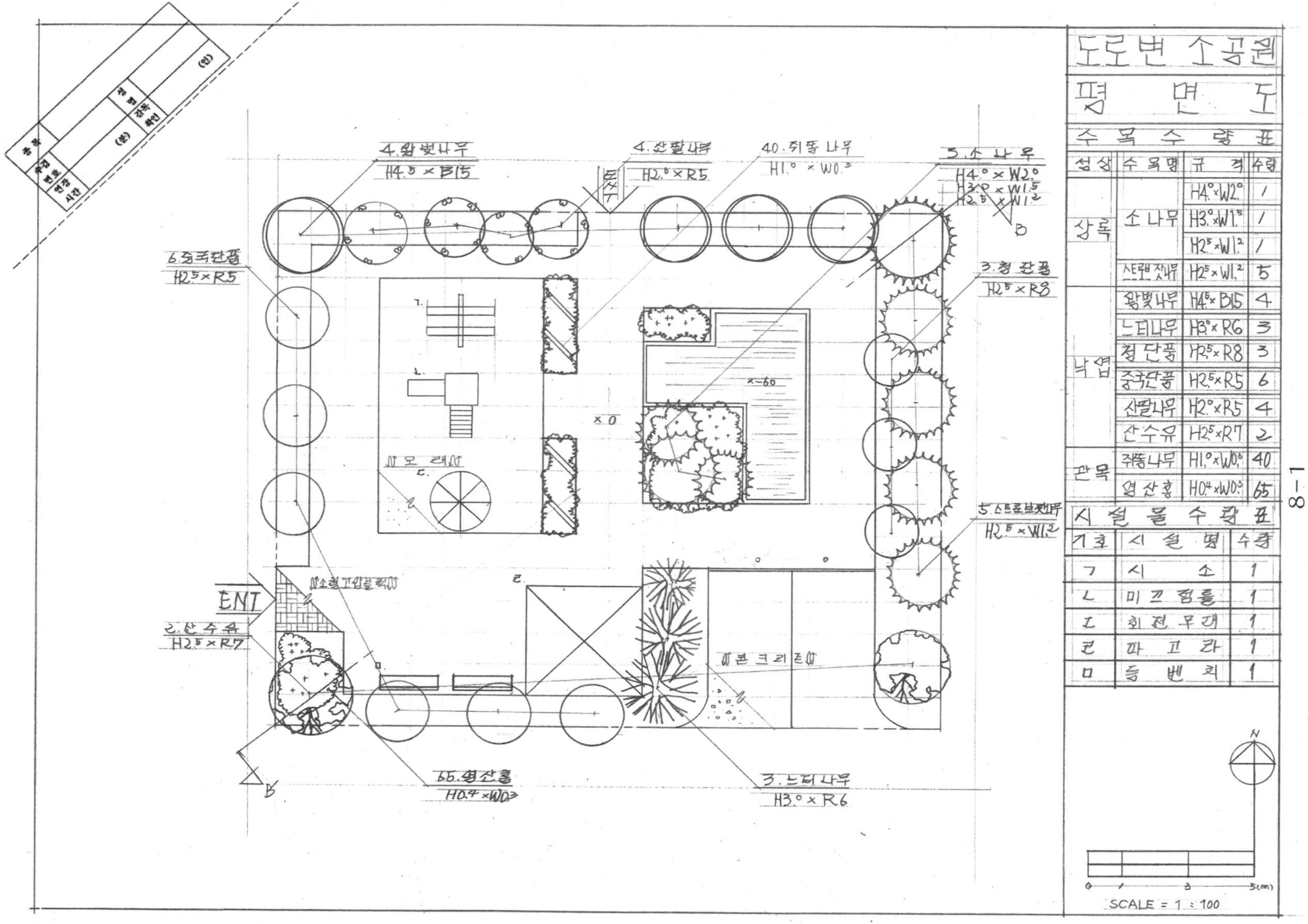

평면도

8-1

수목수량표

성상	수목명	규격	수량
상록	소나무	H4.0×W2.0	1
		H3.0×W1.5	1
		H2.5×W1.2	1
	스트로브잣나무	H2.5×W1.2	5
낙엽	왕벚나무	H4.5×B15	4
	느티나무	H3.0×R6	3
	청단풍	H2.5×R8	3
	중국단풍	H2.5×R5	6
	산딸나무	H2.0×R5	4
	산수유	H2.5×R7	2
관목	쥐똥나무	H1.0×W0.3	40
	영산홍	H0.4×W0.3	65

시설물수량표

기호	시설명	수량
ㄱ	시소	1
ㄴ	미끄럼틀	1
ㄷ	회전무대	1
ㄹ	파고라	1
ㅁ	등벤치	1

4.왕벚나무 H4.5×B15

4.산딸나무 H2.0×R5

40.쥐똥나무 H1.0×W0.3

3.소나무 H4.0×W2.0 H3.0×W1.5 H2.5×W1.2

3.청단풍 H2.5×R8

5.스트로브잣나무 H2.5×W1.2

6.중국단풍 H2.5×R5

2.산수유 H2.5×R7

65.영산홍 H0.4×W0.3

3.느티나무 H3.0×R6

ENT

모래포설

소형고압블럭포장

콘크리트포장

N

SCALE = 1 : 100

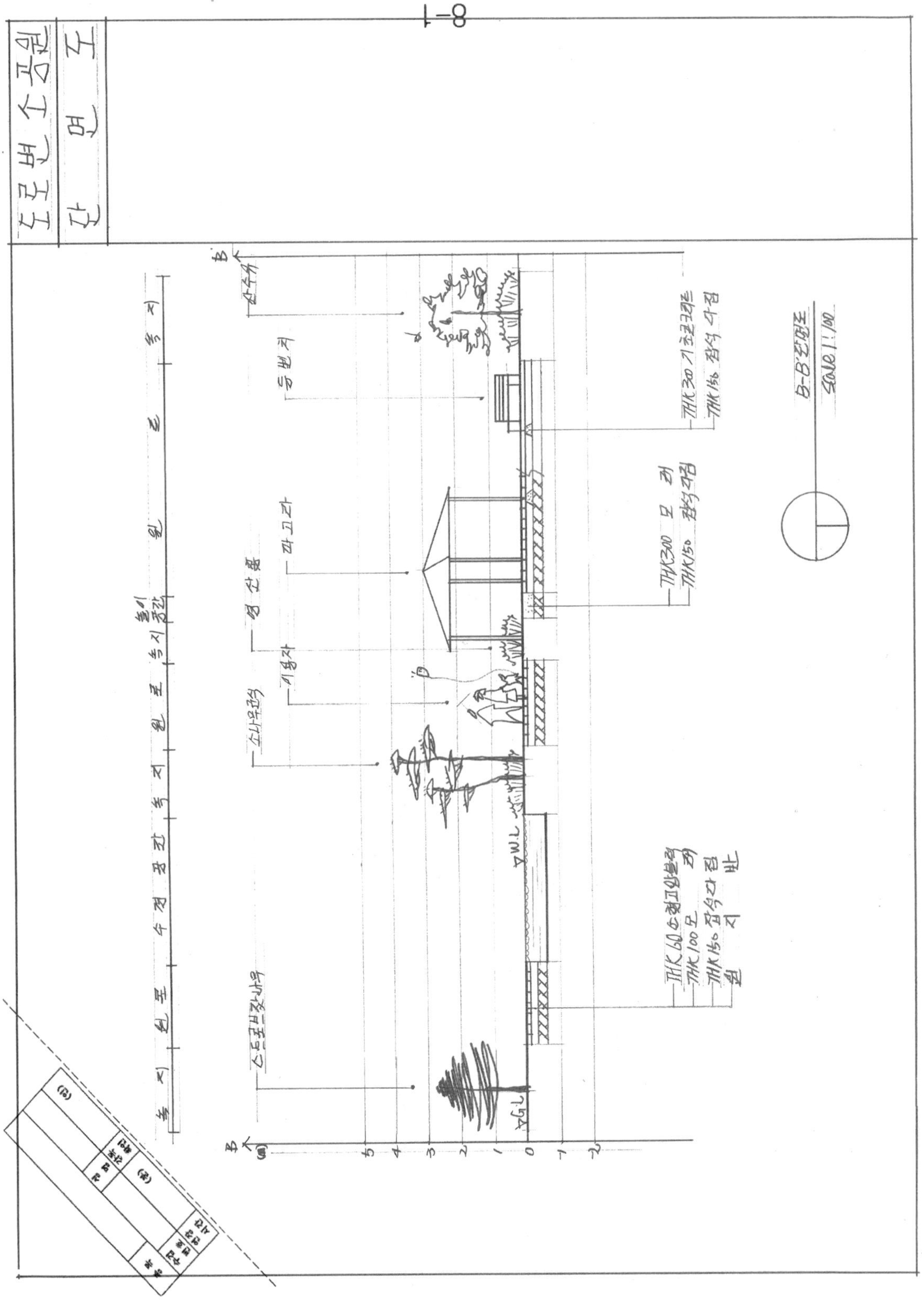

8-1

도로변 소공원
단 면 도

녹지 | 원로 | 수경공간 | 녹지 | 원로 | 녹지 | 놀이공간 | 원로 | 녹지

B
(m)
5
4
3
2
1
0
-1
-2
▽G.L
▽W.L
B'

스트로브잣나무
소나무군식
이용자
영산홍
파고라
등벤치
산수유

THK60 소형고압블럭
THK100 모래
THK150 잡석다짐
원지반

THK300 모래
THK150 잡석다짐

THK300 기초콘크리트
THK150 잡석다짐

B-B' 단면도
SCALE 1:100

10. 기출과제 그리기 (5)

● "새로운 포장재료의 소공원" 평면도/ 단면도의 연습과 해답

2009년 출제 문제로 상당히 새로운 포장재료가 나왔다. 모르는 포장은 만들어서 그리면 된다. 틀린다고 겁먹을 필요는 없다.

학습목표 : 최근 기출문제로, 외우듯이 익혀두자. 레벨과 새로운 포장에 적응하자.

설계문제 : 우리나라 중부지역에 위치한 도로변의 빈 공간에 대한 조경설계를 하고자 한다. 주어진 현황도 및 아래 사항을 참조하여 설계조건에 따라 조경계획도를 작성하시오(단, 2점 쇄선 안 부분이 조경설계 대상지를 한다).

1. 현황도

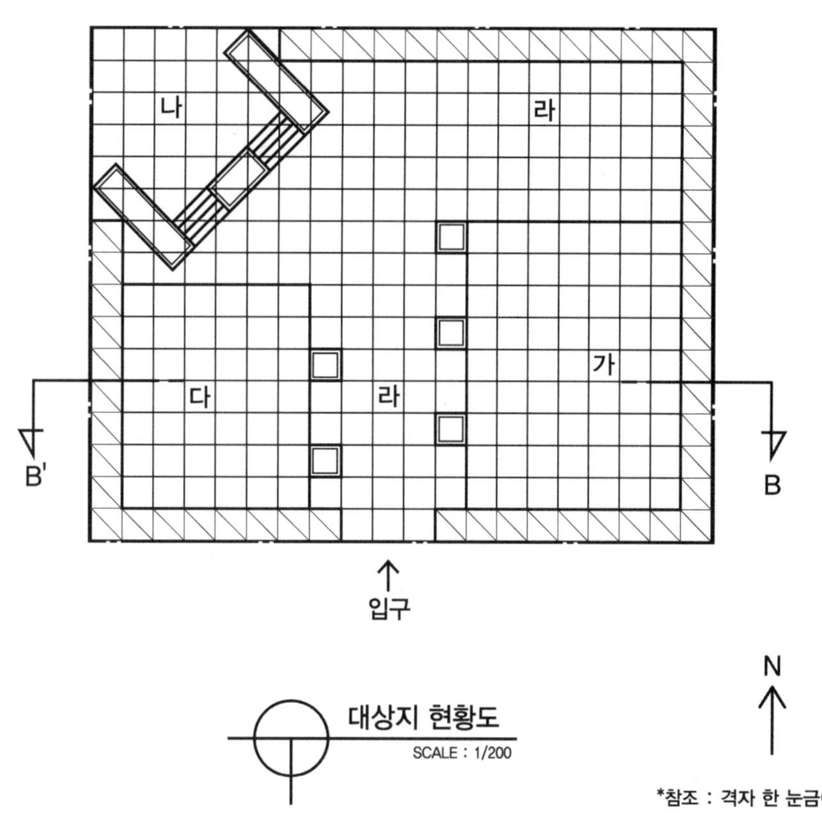

*참조 : 격자 한 눈금이 1M

2. 요구사항

1) 식재 평면도를 위주로 한 조경계획도를 축척 1/100으로 작성하시오(지급용지 1).
2) 도면 오른쪽 위에 작업명칭을 작성하시오.
3) 도면 오른쪽에는 "중요 시설물 수량표와 수목(식재)수량표"를 작성하고, 수량표 아래쪽 "방위표시와 막대축척"을 반드시 그려 넣으시오(단, 전체 대상지의 길이를 고려하여 범례표의 폭을 조정할 수 있다).
4) 도면의 전체적인 안정감을 위하여 "테두리선"을 작성하시오.
5) B-B' 단면도를 축척 1/100으로 작성하시오(지급용지 2).

3. 설계조건

1) 해당 지역은 도로변의 자투리 공간을 이용하여 휴식 및 어린이들이 즐길 수 있는 도로변 소공원으로, 공원의 특징을 고려하여 조경계획도를 작성하시오.
2) 포장지역을 제외한 곳에는 모두 식재를 실시하시오(단, 녹지공간은 빗금친 부분이며, 경사의 차이가 발생하는 곳은 식수대(Plant Box)로 처리되어 있으며 분위기를 고려하여 식재를 실시하시오).
3) 포장지역은 "점토블록, 콘크리트, 고무칩, 황토, 투수블럭 등" 적당한 재료를 선택하여 재료의 사용이 적합한 장소에 기호로 표현하고, 포장명을 반드시 기입하시오.
4) "가" 지역은 놀이공간으로 계획하고, 그 안에 어린이 놀이시설을 3종 배치하시오.
5) "다" 지역은 휴식공간으로 이용자들의 편안한 휴식을 위해 파고라(3,500×3,500mm) 1개와 앉아서 휴식을 즐길 수 있도록 등벤치 3개를 계획 설계하시오.
6) "라" 지역은 중앙 및 보행공간으로 적절하게 계획하고 설계하시오.
7) "나" 지역은 진입공간으로 관목 및 기타 적절한 공간의 성격으로 계획 설계하시오.
8) "나" 지역은 "가", "다", "라" 지역보다 1m 낮은 지역으로 계획 설계하시오.
9) 대상지 내에는 유도식재, 녹음식재, 경관식재, 소나무 군식 등의 식재 패턴 중 적절한 곳에 따라 배식하고, 필요에 따라 수목보호대를 추가

로 설치하여 포장 내에 식재를 할 수 있다.

10) 수목은 아래에 주어진 수종 중에서 종류가 다른 10가지를 반드시 선정하여 골고루 안정적인 배식이 될 수 있도록 계획하며, 인출선을 이용하여 수량, 수종명칭, 규격을 반드시 표기하시오.

소나무(H4.0×W2.0), 소나무(H3.0×W1.5), 소나무(H2.5×W1.2), 스트로브잣나무(H2.5×W1.2), 스트로브잣나무(H2.0×W1.0), 왕벚나무(H4.5×B15), 버즘나무(H3.5×B8), 느티나무(H3.0×R6), 섬단풍나무(H2.5×R8), 다정큼나무(H1.0×W0.6), 동백나무(H2.5×R8), 중국단풍(H2.5×R5), 굴거리나무(H2.5×W0.6), 자귀나무(H2.5×R6), 태산목(H1.5×W0.5), 먼나무(H2.0×R5), 산딸나무(H2.0×R5), 산수유(H2.5×R7), 꽃사과(H2.5×R5), 수수꽃다리(H1.5×W0.6), 병꽃나무(H1.0×W0.4), 쥐똥나무(H1.0×W0.3), 명자나무(H0.6×W0.4), 산철쭉(H0.3×W0.4), 자산홍(H0.3×W0.3), 영산홍(H0.4×W0.3), 조릿대(H0.6×7가지)

11) B-B' 단면도는 경사, 포장재료, 경계선 및 기타 시설물의 기초, 주변의 수목, 중요 시설물, 이용자 등을 단면도상에 반드시 표기한다.

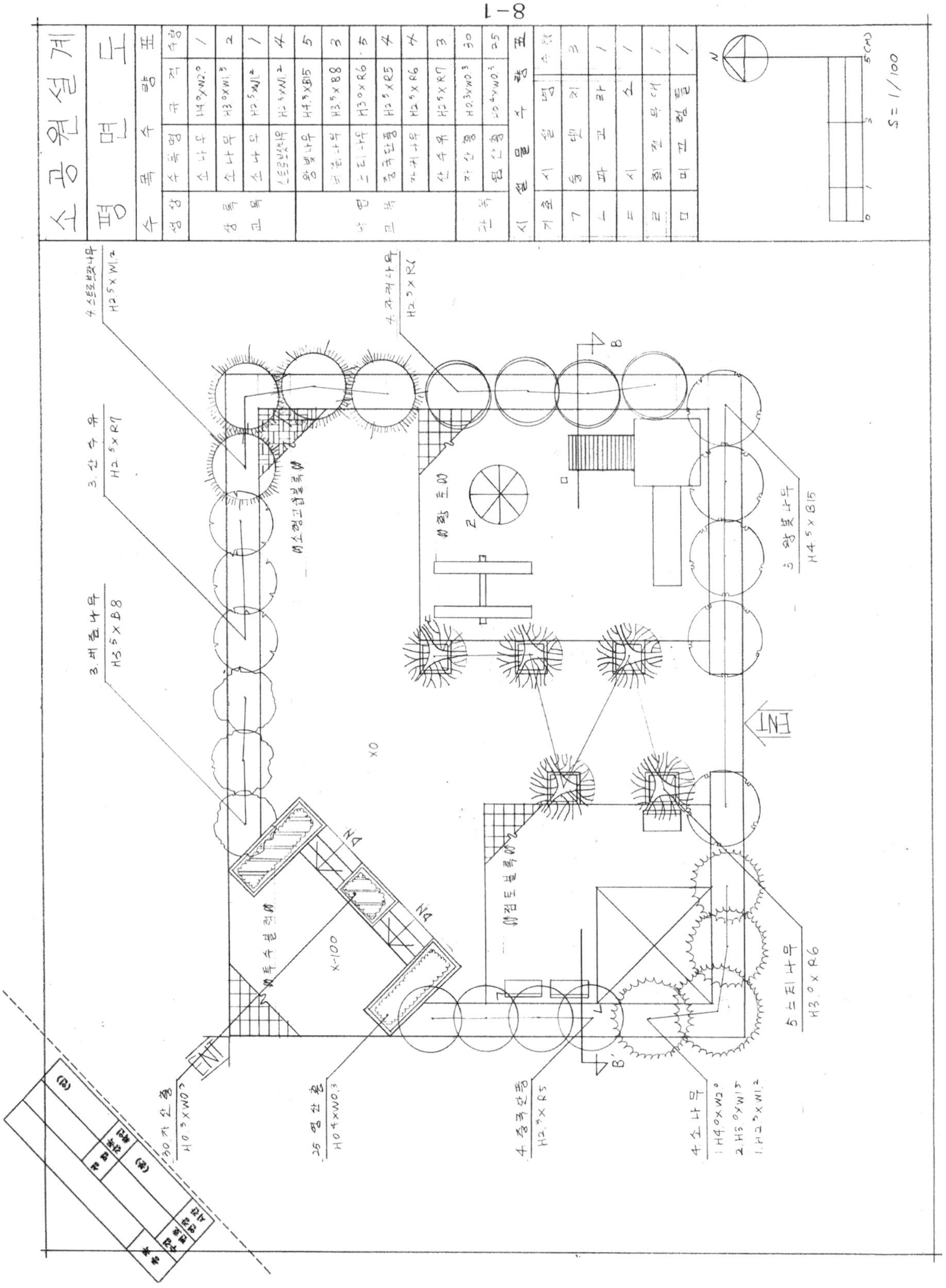

8-1

소공원설계
평면도

수목수량표			
성상	수목명	규격	수량
상록교목	소나무	H4.0×W2.0	1
	소나무	H3.0×W1.5	2
	소나무	H2.5×W1.2	1
	스트로브잣나무	H2.5×W1.2	4
낙엽교목	왕벚나무	H4.5×B15	5
	버즘나무	H3.5×B8	3
	느티나무	H3.0×R6	5
	중국단풍	H2.5×R5	4
	자귀나무	H2.5×R6	4
	산수유	H2.5×R7	3
관목	자산홍	H0.3×W0.3	30
	영산홍	H0.4×W0.3	25

시설물수량표		
기호	시설명	수량
ㄱ	등벤치	3
ㄴ	파고라	1
ㄷ	시소	1
ㄹ	회전무대	1
ㅁ	미끄럼틀	1

N

0 1 3 5(M)

S = 1/100

3. 버즘나무 H3.5×B8

3. 산수유 H2.5×R7

4. 스트로브잣나무 H2.5×W1.2

4. 자귀나무 H2.5×R6

30 자산홍 H0.3×W0.3

25 영산홍 H0.4×W0.3

4. 중국단풍 H2.5×R5

4. 소나무
1. H4.0×W2.0
2. H3.0×W1.5
1. H2.5×W1.2

5 느티나무 H3.0×R6

5 왕벚나무 H4.5×B15

투수블럭

소형고압블록

황토

점토블록

X-100

X0

DN

DN

ENT

ENT

B

B'

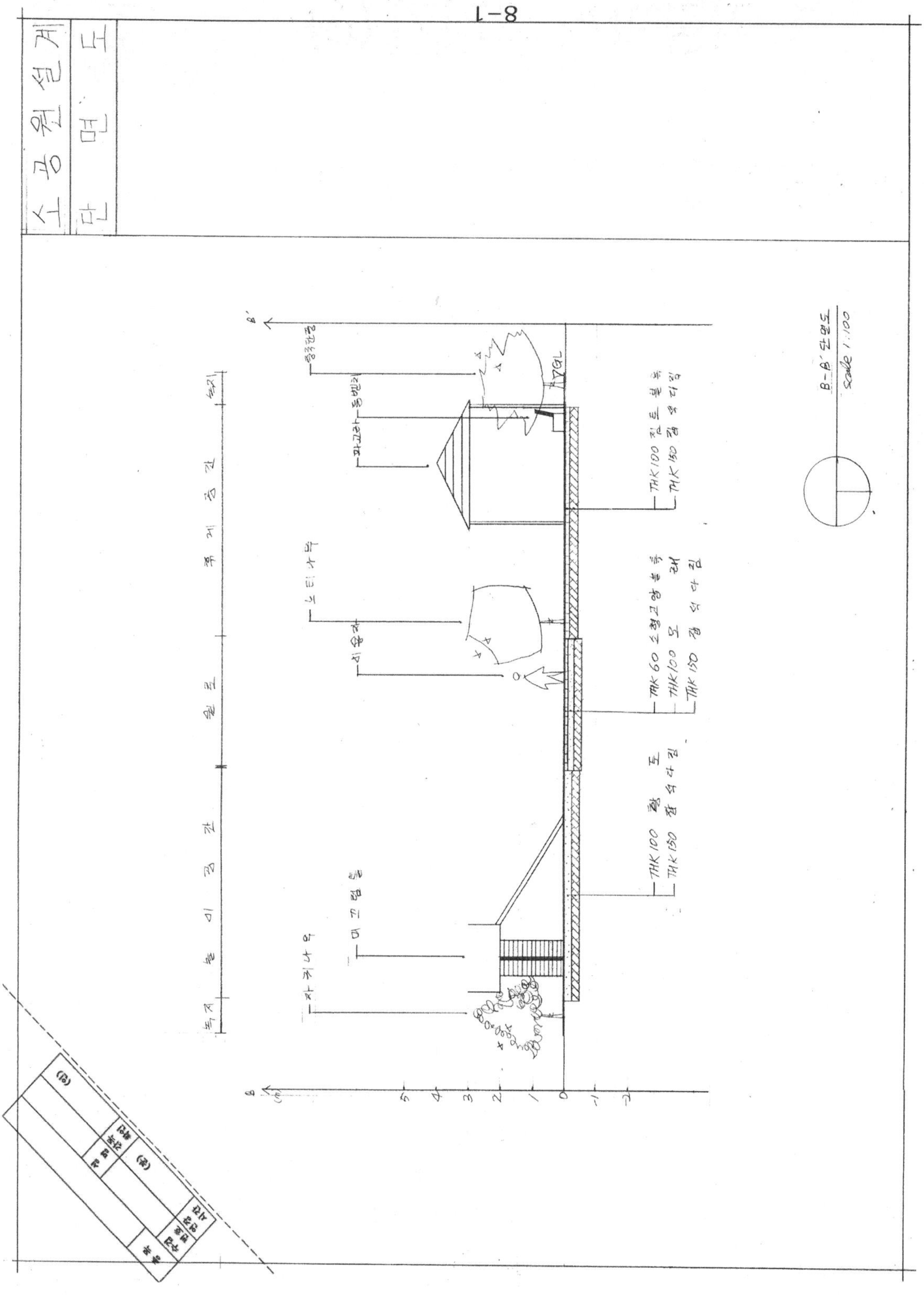

8-1

소공원설계

단 면 도

녹지 놀이공간 원로 휴게공간 녹지

B (m)

B'

자귀나무

미끄럼틀

이용자

느티나무

파고라

등벤치

중국단풍

GL

5 4 3 2 1 0 -1 -2

THK100 황토
THK150 잡석다짐

THK60 소형고압블록
THK100 모래
THK150 잡석다짐

THK100 집트블록
THK150 잡석다짐

B-B' 단면도
scale 1:100

종목		감독확인	(인)
수검번호	(인)		
연장시간			

11. 기출과제 그리기 (6)

● "등고선이 있는 소공원" 평면도/ 단면도의 연습과 해답

등고선은 제시된 현황도와 똑같이 그려야 한다. 등고선 1개는 20씩 표시하여 40 – 60 – 80으로 표시하고, 본기출 문제에서 제시된 곳은 60이 높은 곳에서 시작하므로 80 – 100 – 120으로 표시해야 한다.

학습목표 : 최근 기출문제로, 외우듯이 익혀두자. 단면도에 걸쳐지는 등고선을 그릴 수 있다.

〈등고선 단면도 그리기 연습〉

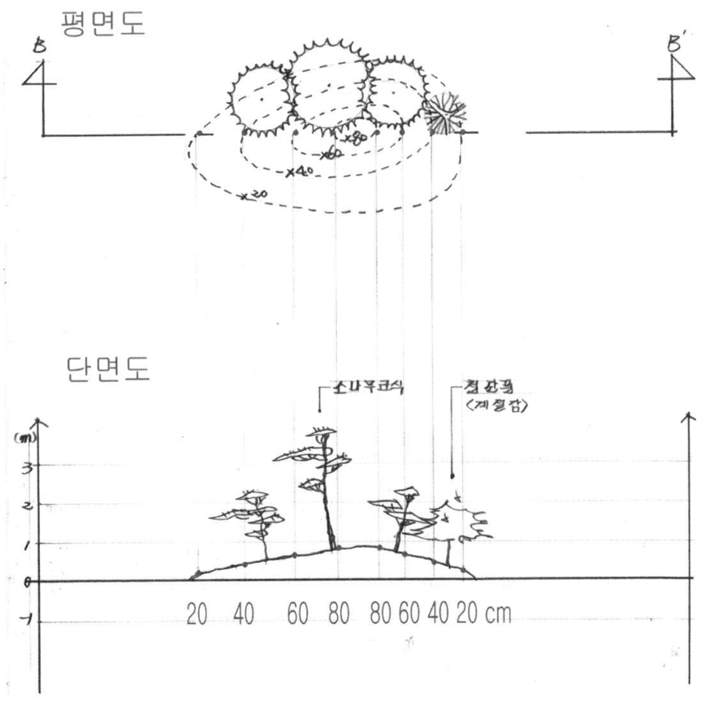

설계문제 : 우리나라 중부지역에 위치한 도로변의 빈 공간에 대한 조경설계를 하고자 한다. 주어진 현황도 및 아래 사항을 참조하여 설계조건에 따라 조경계획도를 작성하시오(단, 2점 쇄선 안 부분이 조경설계 대상지로 한다).

1. 현황도

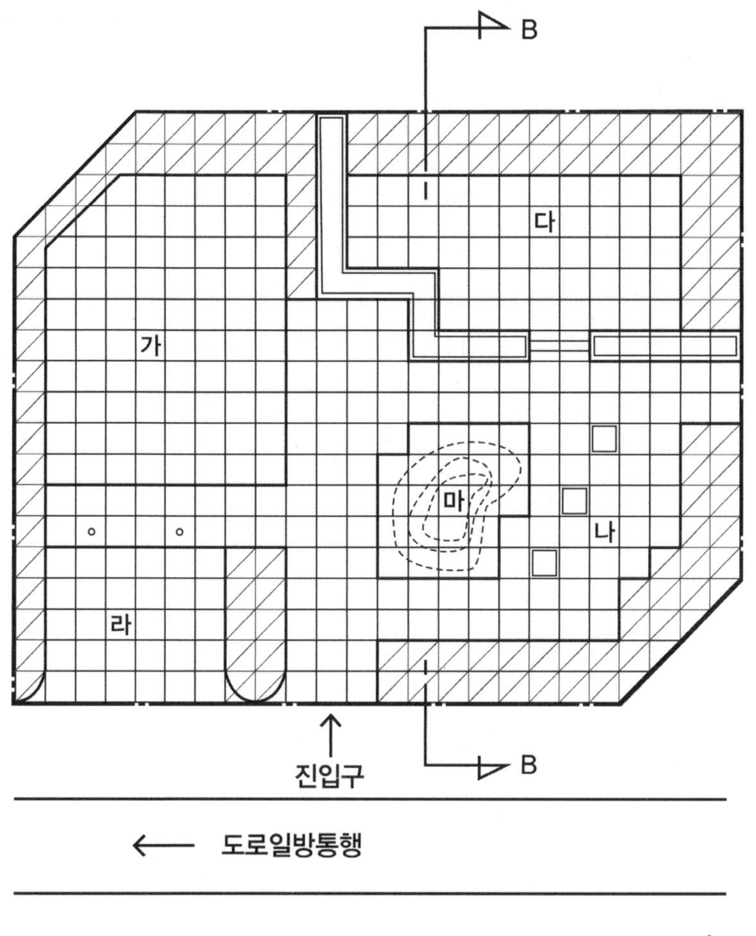

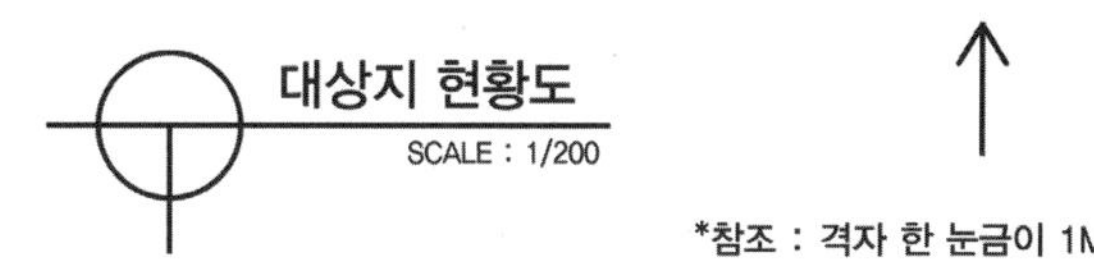

*참조 : 격자 한 눈금이 1M

2. 요구사항

1) 식재평면도를 위주로 한 조경계획도를 축척 1/100으로 작성하시오(지급용지 1).
2) 도면 오른쪽 위에 작업명칭을 작성하시오.
3) 도면 오른쪽에는 "중요시설물 수량표와 수목(식재)수량표"를 작성하고, 수량표 아래쪽 "방위표시와 막대축척"을 반드시 그려 넣으시오(단, 전체 대상지의 길이를 고려하여 범례표의 폭을 조정할 수 있다).

4) 도면의 전체적인 안정감을 위하여 "테두리선"을 작성하시오.
5) B-B' 단면도를 축척 1/100으로 작성하시오(지급용지 2).

3. 설계조건

1) 해당 지역은 도로변의 자투리 공간을 이용하여 휴식 및 어린이들이 즐길 수 있는 도로변 소공원으로, 공원의 특징을 고려하여 조경계획도를 작성하시오.
2) 포장지역을 제외한 곳에는 모두 식재를 실시하시오(단, 녹지공간은 빗금친 부분이며, 경사의 차이가 발생하는 곳은 식수대(Plant Box)로 처리되어 있으며 분위기를 고려하여 식재를 실시하시오).
3) 포장지역은 "소형고압블록, 콘크리트, 모래, 마사토, 투수콘크리트" 등 적당한 재료를 선택하여 재료의 사용이 적합한 장소에 기호로 표현하고, 포장명을 반드시 기입하시오.
4) "가" 지역은 놀이공간으로 계획하고, 그 안에 어린이 놀이시설을 3종 배치하시오.
5) "다" 지역은 휴식공간으로 이용자들의 편안한 휴식을 위해 파고라(3,500×3,500mm) 1개와 앉아서 휴식을 즐길 수 있도록 등벤치 3개를 계획 설계하시오.
6) "라" 지역은 주차공간으로 소형자동차(3,000×5,000mm) 2대가 주차할 수 있는 공간으로 계획하고 설계하시오.
7) "나" 지역은 동적인 공간의 휴식공간으로 평벤치 3개를 설치하고, 수목보호대(3개)에 낙엽교목을 동일하게 식재하시오.
8) "마" 지역은 등고선 1개당 20cm가 높으며, 전체적으로 "나" 지역에 비해 60cm가 높은 녹지지역으로 경관식재를 실시하시오. 아울러 반드시 크기가 다른 소나무를 3종 식재하고, 계절성을 느낄 수 있게 다른 수목을 조화롭게 배치하시오.
9) "다" 지역은 "가", "나", "라" 지역보다 1m 높은 지역으로 계획하시오.
10) 대상지 내에는 유도식재, 녹음식재, 경관식재, 소나무 군식 등의 색재 패턴을 필요한 곳에 배식하고, 필요에 따라 수목보호대를 추가로 설치하여 포장 내에 식재를 할 수 있다.
11) 수목은 아래에 주어진 수종 중에서 종류가 다른 10가지를 반드시 선정하여 골고루 안정직인 배식이 될 수 있도록 계획하며, 인출선을 이용

- "마" 지역은 주변보다 +60cm 높기 때문에 등고선에 표기는 (+20cm씩) +80, +100, +120으로 표기해야 한다.
- 계절성을 느낄 수 있는 수종 : 청단풍, 느티나무를 같이 섞어준다.

하여 수량, 수종명칭, 규격을 반드시 표기하시오.

> 소나무(H4.0×W2.0), 소나무(H3.0×W1.5), 소나무(H2.5×W1.2), 스트로브잣나무(H2.5×W1.2), 스트로브잣나무(H2.0×W1.0), 왕벚나무(H4.5×B15), 버즘나무(H3.5×B8), 느티나무(H3.0×R6), 청단풍(H2.5×R8), 다정큼나무(H1.0×W0.6), 동백나무(H2.5×R8), 중국단풍(H2.5×R5), 굴거리나무(H2.5×W0.6), 자귀나무(H2.5×R6), 태산목(H1.5×W0.5), 먼나무(H2.0×R5), 산딸나무(H2.0×R5), 산수유(H2.5×R7), 꽃사과(H2.5×R5), 수수꽃다리(H1.5×W0.6), 병꽃나무(H1.0×W0.4), 쥐똥나무(H1.0×W0.3), 명자나무(H0.6×W0.4), 산철쭉(H0.3×W0.4), 자산홍(H0.3×W0.3), 영산홍(H0.4×W0.3), 조릿대(H0.6×7가지)

12) B-B' 단면도는 경사, 포장재료, 경계선 및 기타 시설물의 기초, 주변의 수목, 중요시설물, 이용자 등을 단면도상에 반드시 표기한다.

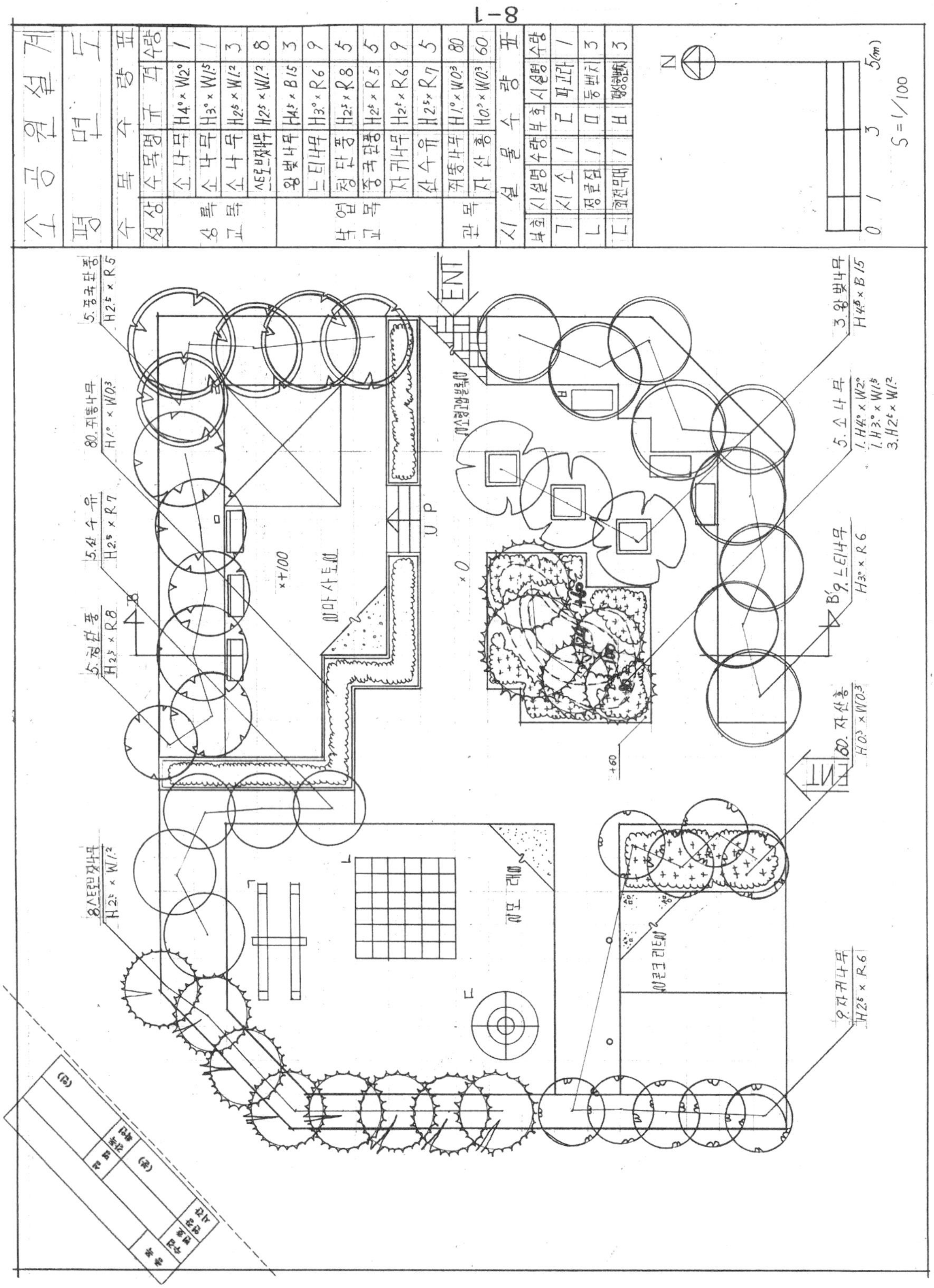

소공원설계 평면도

8-1

수목 수량표

성상		수목명	규격	수량
상록교목		소나무	H4.0×W2.0	1
		소나무	H3.0×W1.5	1
		소나무	H2.5×W1.2	3
		스트로브잣나무	H2.5×W1.2	8
낙엽교목		왕벚나무	H4.5×B15	3
		느티나무	H3.0×R6	9
		청단풍	H2.5×R8	5
		중국단풍	H2.5×R5	5
		자귀나무	H2.5×R6	9
		산수유	H2.5×R7	5
관목		쥐똥나무	H1.0×W0.3	80
		자산홍	H0.3×W0.3	60

시설물 수량표

부호	시설명	수량	부호	시설명	수량
ㄱ	시소	1	ㄹ	파고라	1
ㄴ	정글짐	1	ㅁ	등벤치	3
ㄷ	회전무대	1	ㅂ	평상형벤치	3

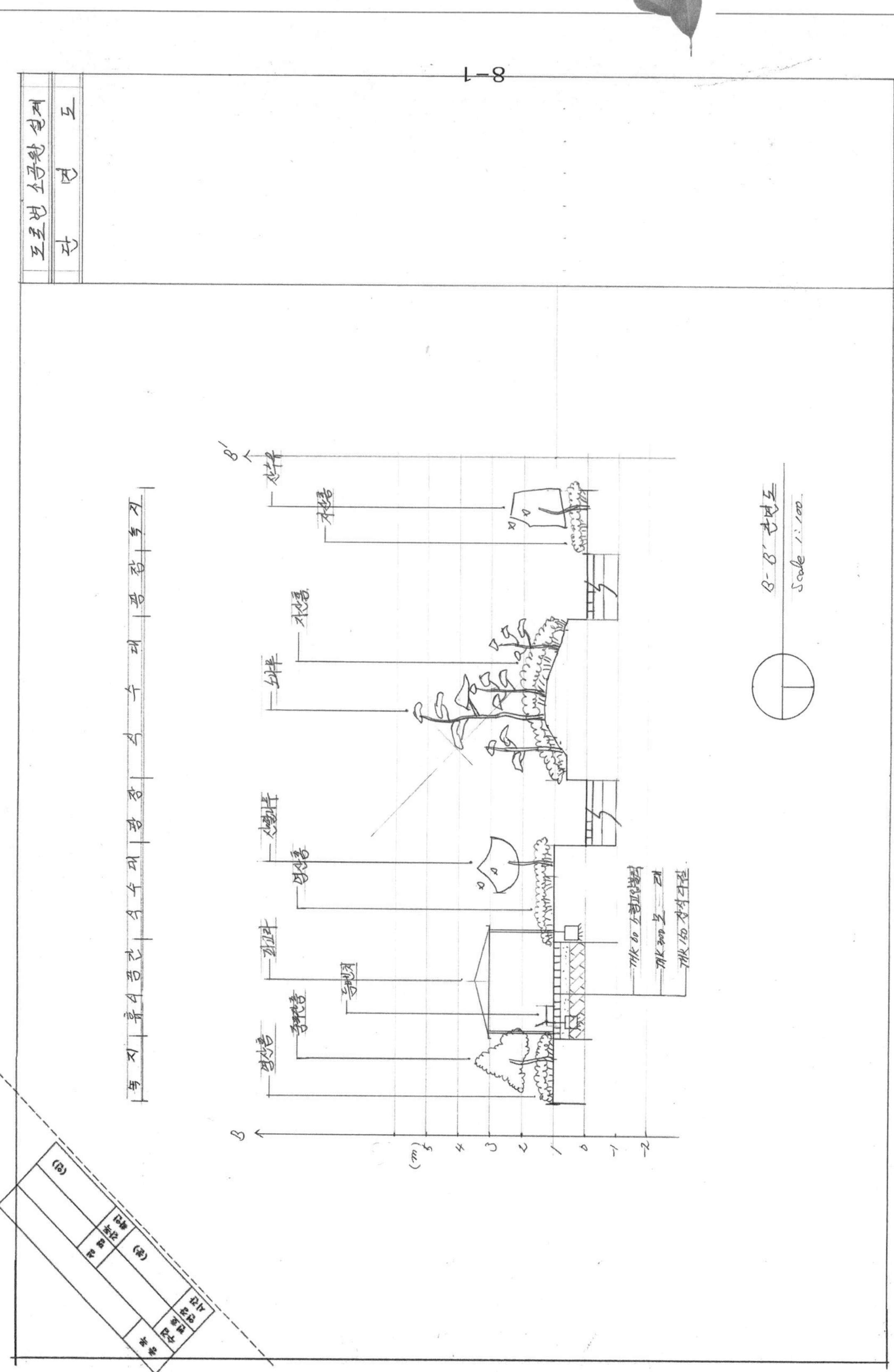
8-1
B-B' 단면도
Scale 1:100

12. 기출과제 그리기 (7)

● "침상형 소공원" 평면도/ 단면도의 연습과 해답

전체가 낮다고 했지만-역으로 전체바닥을 "0"으로 설정하고, 제시된 문제대로 벽천과 식재공간은 +100을 해주면 아주 쉽게 해결된다. 식재공간이 벽돌로 된 것은 단면이든 평면이든 우리가 표현할 과제는 없다.

학습목표 : 최근 기출문제로, 외우듯이 익혀두자. 전체가 낮은 침상식 공원임을 알고 레벨을 적을 수 있도록 한다.
공간의 이해가 어려운 곳으로 표시된 view를 기준으로 입체도면을 첨부했다.

설계문제 : 우리나라 중부지역에 위치한 도로변에 빈 공간에 대한 조경설계를 하고자 한다. 주어진 현황도 및 아래 사항을 참조하여 설계조건에 따라 조경계획도를 작성하시오(단, 2점 쇄선 안 부분을 조경설계 대상지로 합니다).

1. 현황도

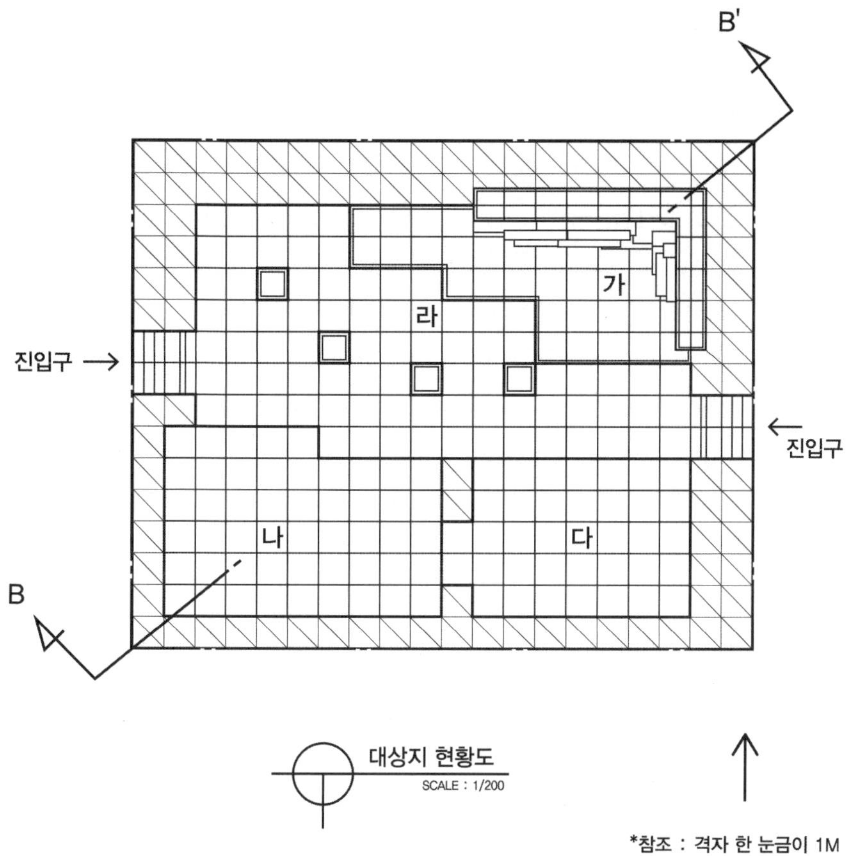

2. 요구사항

1) 식재평면도를 위주로 한 조경계획도를 축척 1/100으로 작성하시오(지급용지 1).
2) 도면 오른쪽 위에 작업명칭을 작성하시오.
3) 도면 오른쪽에는 "주요 시설물 수량표와 수목(식재)수량표"를 함께 작성하고, 수량표 아래쪽 여백을 이용하여 "방위표시와 막대축척"을 반드시 그려 넣으시오(단, 전체 대상자의 길이를 고려하여 범례표의 폭을 조정할 수 있다).
4) 도면의 전체적인 안정감을 위하여 "테두리선"을 작성하시오.
5) 도로변 소공원 부지 내의 B-B' 단면도를 축척 1/100으로 작성하시오(지급용지 2).

3. 설계조건

1) 해당 지역은 도로변의 자투리 공간을 이용하여 휴식 및 어린이들이 즐길 수 있는 도로변 소공원으로, 공원의 특징을 고려하여 조경계획도를 작성하시오.
2) 포장지역을 제외한 곳에는 모두 식재를 실시하시오(단, 녹지공간은 빗금 친 부분이며, 분위기를 고려하여 식재를 실시하시오).
3) 포장지역은 "소형고압블록, 콘크리트, 고무칩, 마사토, 투수콘크리트 등" 적당한 재료를 선택하여 재료의 사용이 적합한 장소에 기호로 표현하고, 포장명칭을 반드시 기입하시오.
4) "가" 지역은 수경공간으로 최대 높이 1m의 벽천이 위치하고, 벽천 앞의 수(水)공간은 깊이 60cm로 설계한다.
5) "나" 지역은 놀이공간으로 계획하고, 그 안에 어린이 놀이시설물을 3종류 배치하시오.
6) "다" 지역은 휴식공간으로 이용자들의 편안한 휴식을 위해 파고라(3,500×3,500mm) 1개와 앉아서 휴식을 즐길 수 있도록 등벤치 1개 이상을 계획 설계하시오.
7) "라" 중심광장으로 각 공간과의 연결과 녹음을 부여하기 위해 수목보호대 4개에 적합한 수종을 식재한다.
8) 대상지역은 진입구에 계단이 위치해 있으며, 대상지 외곽부지보다 높이 차이가 1m 낮은 것으로 보고 설계한다.
9) 대상지 경계에 위치한 외곽 녹지대는 식수대(Plant Box) 형태의 높이 1m의 적벽돌 구조를 가지며, 대상지 내에 식재는 유도식재, 녹음식재, 경관식재, 소나무 군식 등의 식재패턴을 필요한 곳에 배식한다.
10) 수목은 아래에 주어진 수종 중에서 종류가 다른 10가지를 반드시 선정하여 골고루 안정적인 배식이 될 수 있도록 계획하며, 인출선을 이용하여 수량, 수종명칭, 규격을 반드시 표기하시오.

소나무(H4.0×W2.0), 소나무(H3.0×W1.5), 소나무(H2.5×W1.2), 스트로브잣나무(H2.5×W1.2), 스트로브잣나무(H2.0×W1.0), 왕벚나무(H4.5×B15), 버즘나무(H3.5×B8), 느티나무(H3.0×R6), 청단풍(H2.5×R8), 다정큼나무(H1.0×W0.6), 동백나무(H2.5×R8), 중국단풍(H2.5×R5), 굴거리나무(H2.5×W0.6), 자귀나무(H2.5×R6), 태산목(H1.5×W0.5), 먼나무(H2.0×R5), 산딸나무(H2.0×R5), 산수유(H2.5×R7), 꽃사과(H2.5×R5), 수수꽃다리(H1.5×W0.6), 병꽃나무(H1.0×W0.4), 쥐똥나무(H1.0×W0.3), 명자나무(H0.6×W0.4), 산철쭉(H0.3×W0.4), 자산홍(H0.3×W0.3), 영산홍(H0.4×W0.3), 조릿대(H0.6×7가지)

11) B-B' 단면도는 경사, 포장재료, 경계선 및 기타 시설물의 기초, 주변의 수목, 중요 시설물, 이용자 등을 단면도상에 반드시 표기하고 높이차를 한눈에 볼 수 있도록 설계하시오.

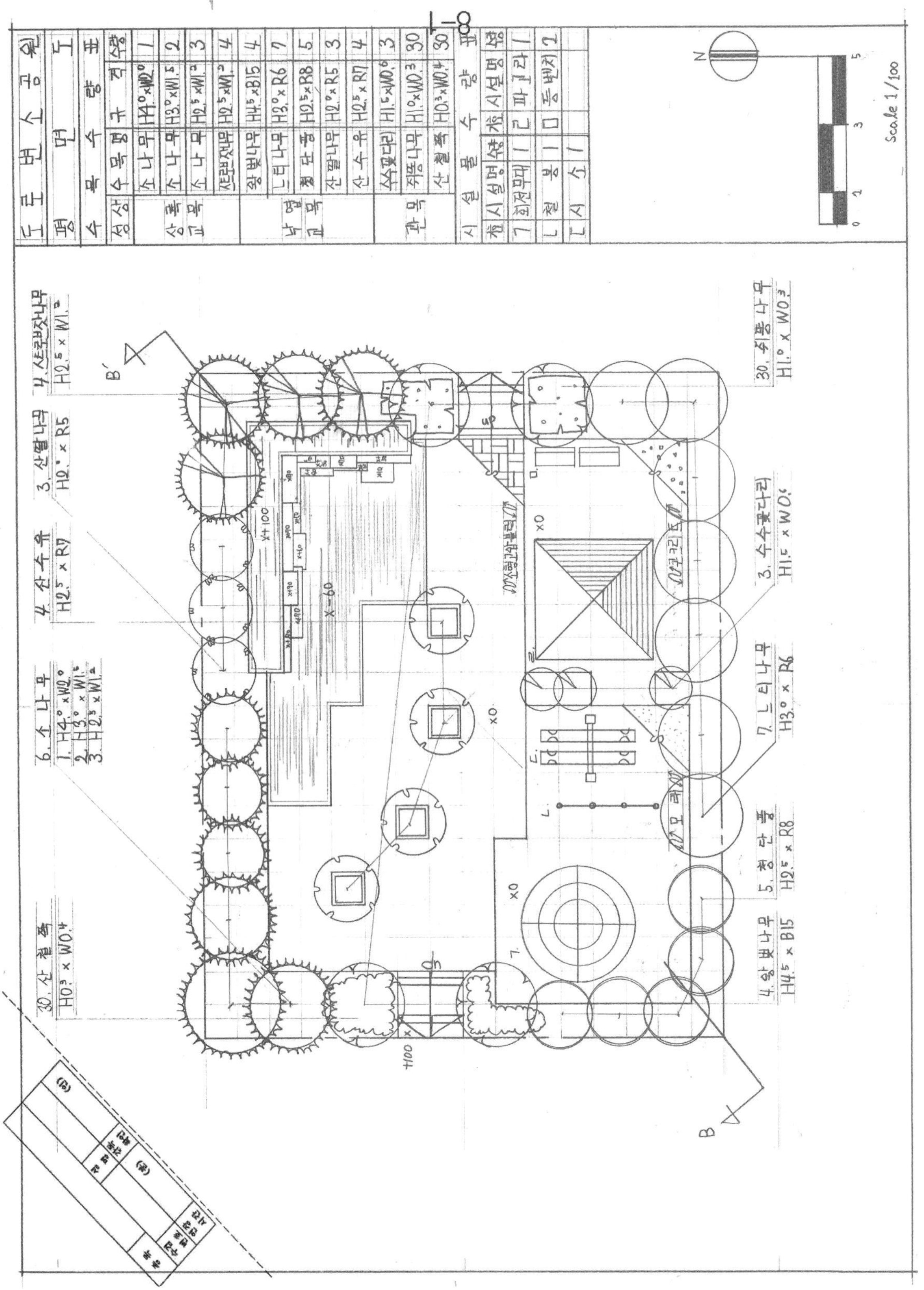

8-1

도로변소공원

평면도

수목수량표

성상	수목명	규격	수량
상록교목	소나무	H4.0×W2.0	1
	소나무	H3.0×W1.5	2
	소나무	H2.5×W1.2	3
	스트로브잣나무	H2.5×W1.2	4
낙엽교목	왕벚나무	H4.5×B15	4
	느티나무	H3.0×R6	7
	청단풍	H2.5×R8	5
	산딸나무	H2.0×R5	3
	산수유	H2.5×R7	4
관목	수수꽃다리	H1.5×W0.6	3
	쥐똥나무	H1.0×W0.3	30
	산철쭉	H0.3×W0.4	30

시설물수량표

기호	시설명	수량	기호	시설명	수량
ㄱ	회전무대	1	ㄹ	파고라	1
ㄴ	철봉	1	ㅁ	등벤치	2
ㄷ	시소	1			

30. 산철쭉 H0.3 × W0.4

6. 소나무
1. H4.0 × W2.0
2. H3.0 × W1.5
3. H2.5 × W1.2

4. 산수유 H2.5 × R7

3. 산딸나무 H2.0 × R5

4. 스트로브잣나무 H2.5 × W1.2

4. 왕벚나무 H4.5 × B15

5. 청단풍 H2.5 × R8

7. 느티나무 H3.0 × R6

3. 수수꽃다리 H1.5 × W0.6

30. 쥐똥나무 H1.0 × W0.3

X+100

X-60

소형고압블럭

모래

콘크리트

B

B′

N

0 1 3 5

Scale 1/100

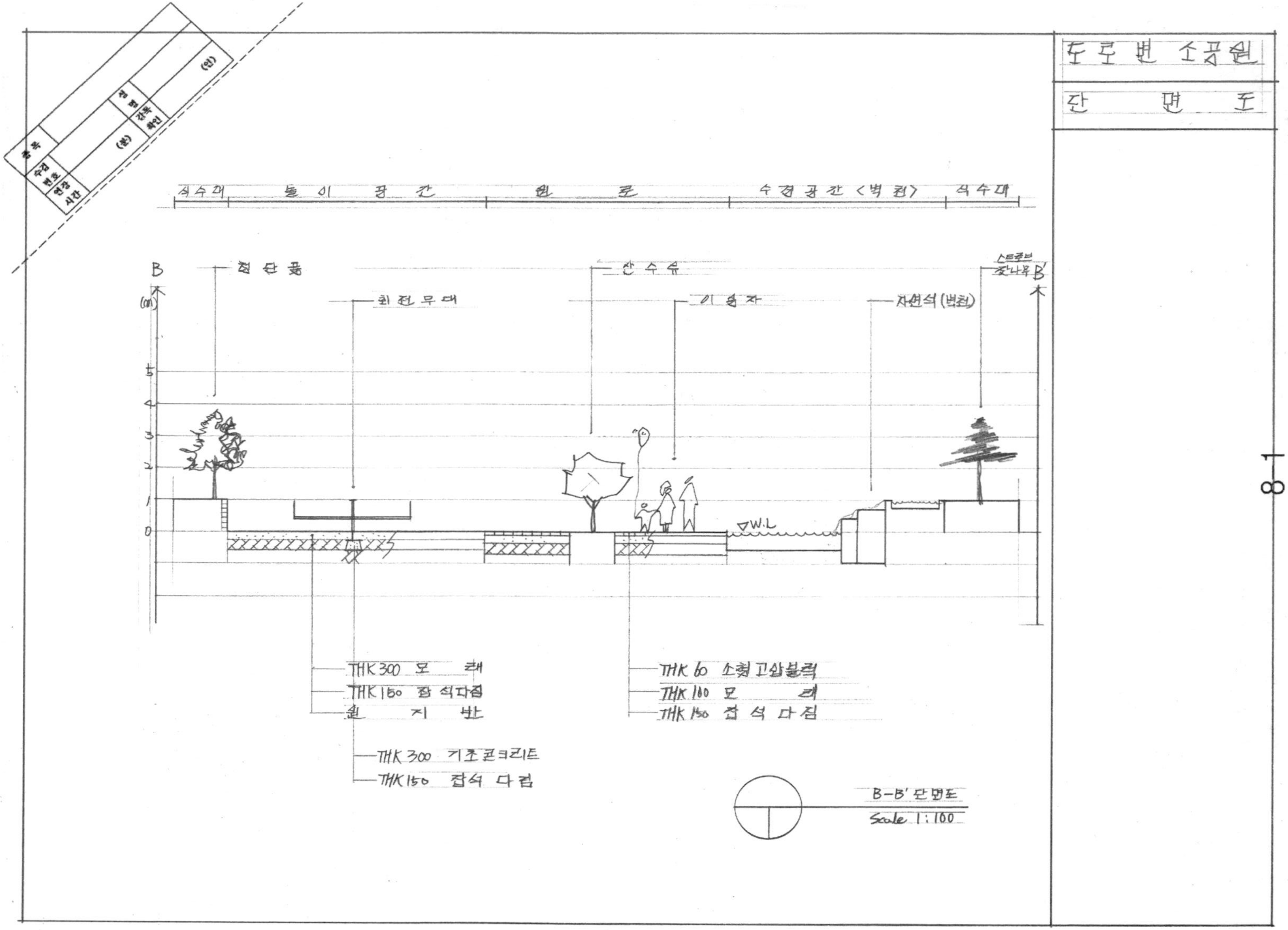

도로변 소공원

단 면 도

8-1

식수대 놀이 공간 원로 수경공간 <벽천> 식수대

B B'

(m) 5 4 3 2 1 0

청단풍

회전무대

산수유

이용자

자연석(벽천)

스트로브 잣나무

▽W.L

THK300 모래
THK150 잡석다짐
원지반

THK300 기초콘크리트
THK150 잡석 다짐

THK60 소형고압블럭
THK100 모래
THK150 잡석 다짐

B-B' 단면도
Scale 1:100

13. 기출과제 그리기 (8)

● "분천식 벽천이 있는 소공원" 평면도/ 단면도의 연습과 해답

분천식 벽천의 계단마다 레벨을 표현하고 단면을 그려낼 수 있어야 한다. 모든 단면의 기준은 평면도에서 내린선으로 그리도록 하자.

학습목표 : 최근 기출문제로, 외우듯이 익혀두자. 벽천의 새로운 형태로 분천식 벽천이다.
공간의 이해가 어려운 곳으로 표시된 view를 기준으로 입체도면을 첨부했다.

설계문제 : 우리나라 중부지역에 위치한 도로변의 빈 공간에 대한 조경설계를 하고자 한다. 주어진 도면을 참조하여 요구사항 및 조건들에 합당한 조경계획도 및 단면도를 작성하시오.

1. 현황도

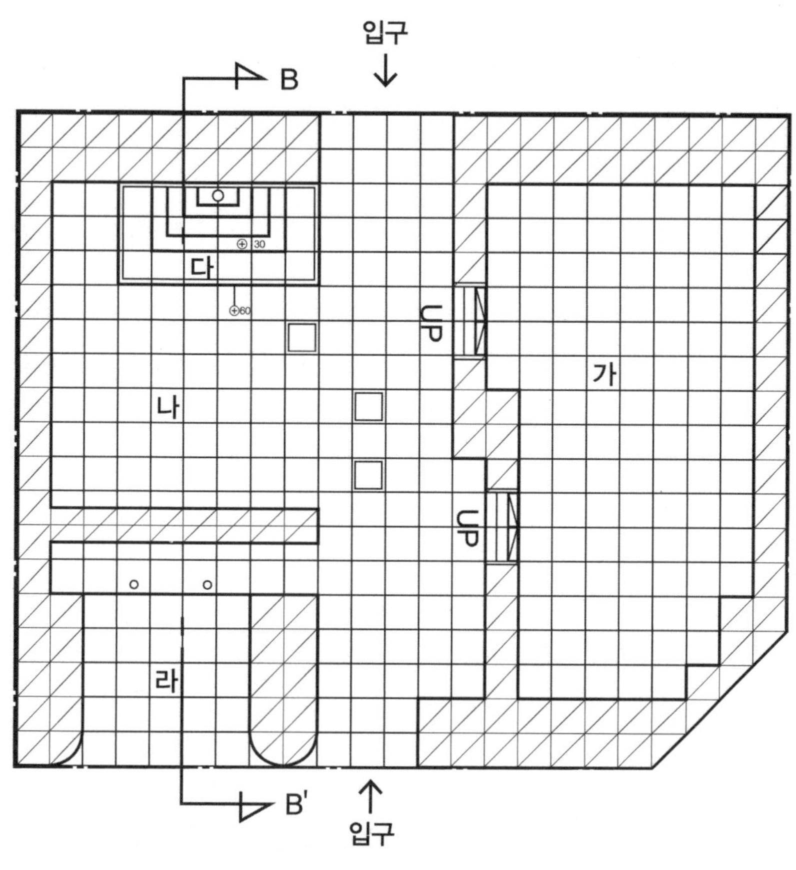

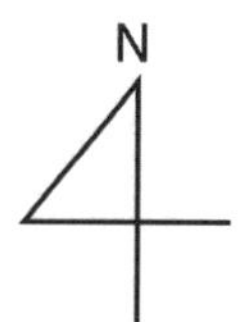

2. 요구사항

1) 식재평면도를 위주로 한 조경계획도를 축척 1/100로 작성하시오(지급용지 1).
2) 도면 오른쪽 위에 작업명칭 작성하시오.
3) 도면 오른쪽에는 "주요시설물 수량표와 수목(식재)수량표"를 함께 작성하고, 수량표 아래쪽 여백을 이용하여 "방위표시와 막대축척"을 반

드시 그려 넣으시오(단, 전체대상지의 길이를 고려하여 범례표의 폭을 조정할 수 있다).

4) 도면 전체적인 안정감을 위하여 "테두리선"을 작성하시오.

5) 도로변 소공원 부지 내의 B~B` 단면도를 축척 1/100로 작성하시오(지급용지-2).

3. 설계조건

1) 해당 지역은 도로변의 자투리 공간을 이용하여 휴식 및 어린이들이 즐길 수 있는 도로변 소공원으로 공원의 특징을 고려하여 조경계획도를 작성하시오.

2) 포장지역을 제외한 곳에는 모두 식재를 실시하시오(단, 녹지공간은 빗금친 부분, 분위기 고려하여 식재 실시하시오).

3) 포장지역은 "소형고압블록, 콘크리트, 고무칩, 투수콘크리트 등" 적당한 재료를 선택하여 재료의 사용이 적합한 장소에 기호로 표현하고, 포장명칭을 반드시 기입하시오.

4) "가" 지역은 주변공간보다 1m 높은 놀이공간으로 계획하고, 그 안에 어린이 놀이시설물(시소, 철봉, 정글짐)을 배치하시오.

5) "나" 지역은 휴식공간으로 이용자들의 편안한 휴식을 위해 파고라(3,500×3,500mm) 1개와 앉아서 휴식을 즐길 수 있도록 등벤치 2개 이상을 계획하고, 수목보호대 3개에는 낙엽교목을 동일하게 식재하시오.

6) "다" 벽천 연못공간으로, 가이드는 60cm 높게 마감되어 있으며, 연못바닥의 표고는 "0"이며, 계단식 계류형으로 30cm씩 높게 처리하시오

7) "라"지역은 주차공간으로 소형자동차(2,500×5,000mm) 2대가 주차할 수 있는 공간으로 계획하고 설계하시오.

8) 대상지 내에는 유도식재, 녹음식재, 경관식재, 소나무 군식 등의 식재패턴을 필요한 곳에 배식하고, 필요에 따라 수목보호대를 추가로 설치하여 포장 내에 식재를 할 수 있다.

9) 수목은 아래에 주어진 수종 중에서 종류가 다른 10가지를 반드시 선정하여 골고루 한정적인 배식이 될 수 있도록 계획하며, 인출선을 이용하여 수량, 수종명칭, 규격을 반드시 표기하시오.

소나무(H4.0×W2.0), 소나무(H3.0×W1.5), 소나무(H2.5×W1.2), 스트로브잣나무(H2.5×W1.2), 스트로브잣나무(H2.0×W1.0), 왕벚나무(H4.5xB15), 버즘나무(H3.5×B8), 느티나무(H3.0×R6), 청단풍(H2.5×R8), 다정큼나무(H1.0×W0.6), 태산목(H1.5×W0.5), 중국단풍(H2.5×R5), 자귀나무(H2.5×R6), 산딸나무(H2.0×R5), 동백나무(H2.5×R8), 산수유(H2.5×R7), 꽃사과(H2.5×R5), 수수꽃다리(H1.5×W0.6), 병꽃나무(H1.0×W0.4), 쥐똥나무(H1.0×W0.3), 명자나무(H0.6×W0.4), 산철쭉(H0.3×W0.4), 자산홍(H0.3×W0.3), 영산홍(H0.3×W0.3), 조릿대(H0.6×7가지)

12) B-B' 단면도는 경사, 포장재료, 경계선 및 기타 시설물의 기초, 주변의 수목, 중요 시설물, 이용자 등을 단면도상에 반드시 표기하고 높이차를 한눈에 볼 수 있도록 설계하시오.

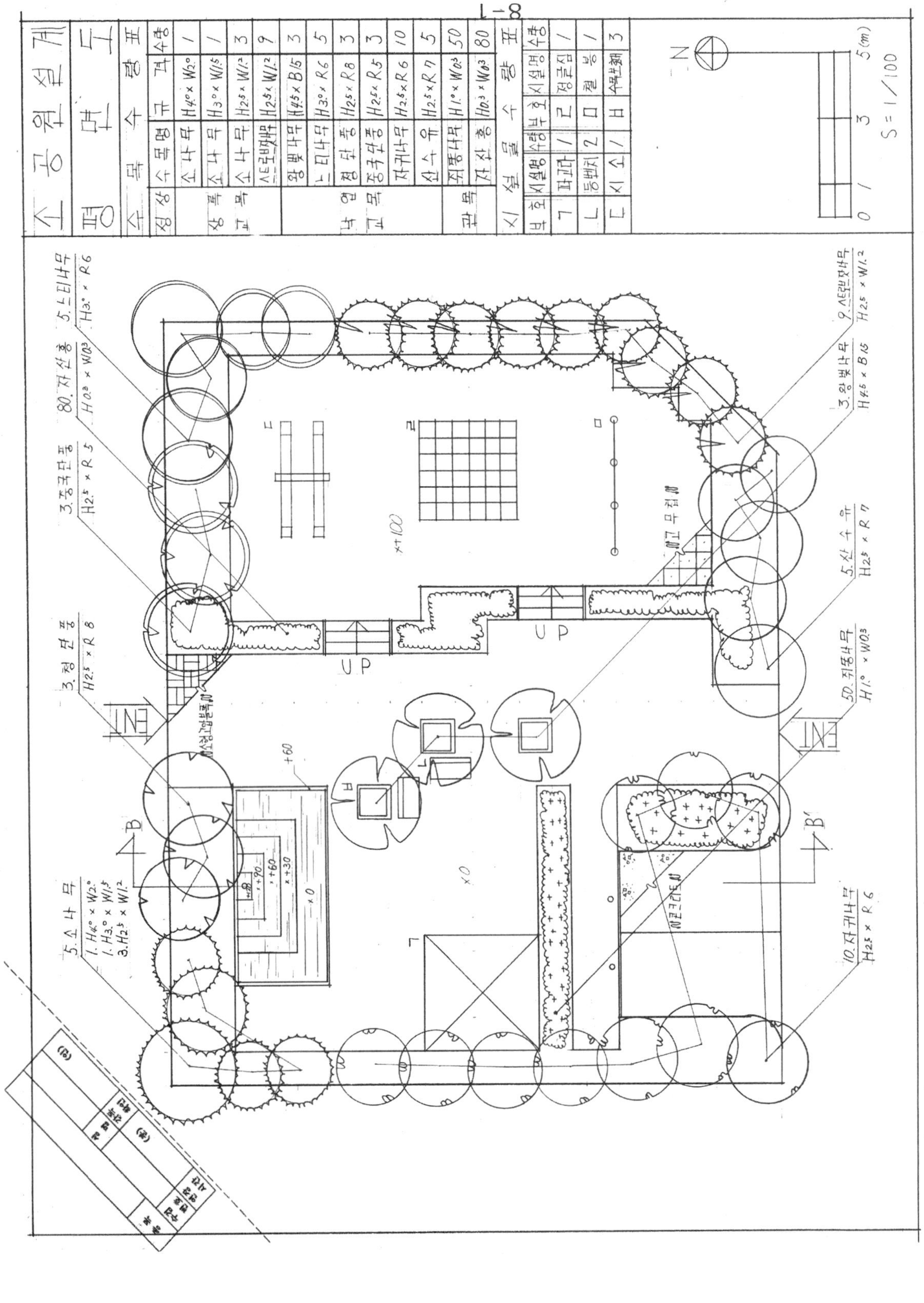

소공원설계

평면도

8-1

수목수량표

성상	수목명	규격	수량
상록교목	소나무	H4.0×W2.0	1
	소나무	H3.0×W1.5	1
	소나무	H2.5×W1.2	3
	스트로브잣나무	H2.5×W1.2	9
낙엽교목	왕벚나무	H4.5×B15	3
	느티나무	H3.0×R6	5
	청단풍	H2.5×R8	3
	중국단풍	H2.5×R5	3
	자귀나무	H2.5×R6	10
	산수유	H2.5×R7	5
관목	쥐똥나무	H1.0×W0.3	50
	자산홍	H0.3×W0.3	80

시설물수량표

부호	시설명	수량	부호	시설명	수량
ㄱ	파고라	1	ㄹ	정글짐	1
ㄴ	등벤치	2	ㅁ	철봉	1
ㄷ	시소	1	ㅂ	수목보호대	3

N

0 1 3 5(m)

S=1/100

5.소나무 1.H4.0×W2.0 1.H3.0×W1.5 3.H2.5×W1.2

3.청단풍 H2.5×R8

3.중국단풍 H2.5×R5

80.자산홍 H0.3×W0.3

5.느티나무 H3.0×R6

10.자귀나무 H2.5×R6

50.쥐똥나무 H1.0×W0.3

5.산수유 H2.5×R7

3.왕벚나무 H4.5×B15

9.스트로브잣나무 H2.5×W1.2

ENT

ENT

B

B'

UP

UP

소형고압블록포장

콘크리트포장

고무칩포장

+60

+90

+60

+30

+0

+100

+0

ㄱ ㄴ ㄷ ㄹ ㅁ ㅂ

성명

수험번호

감독확인

시험일시

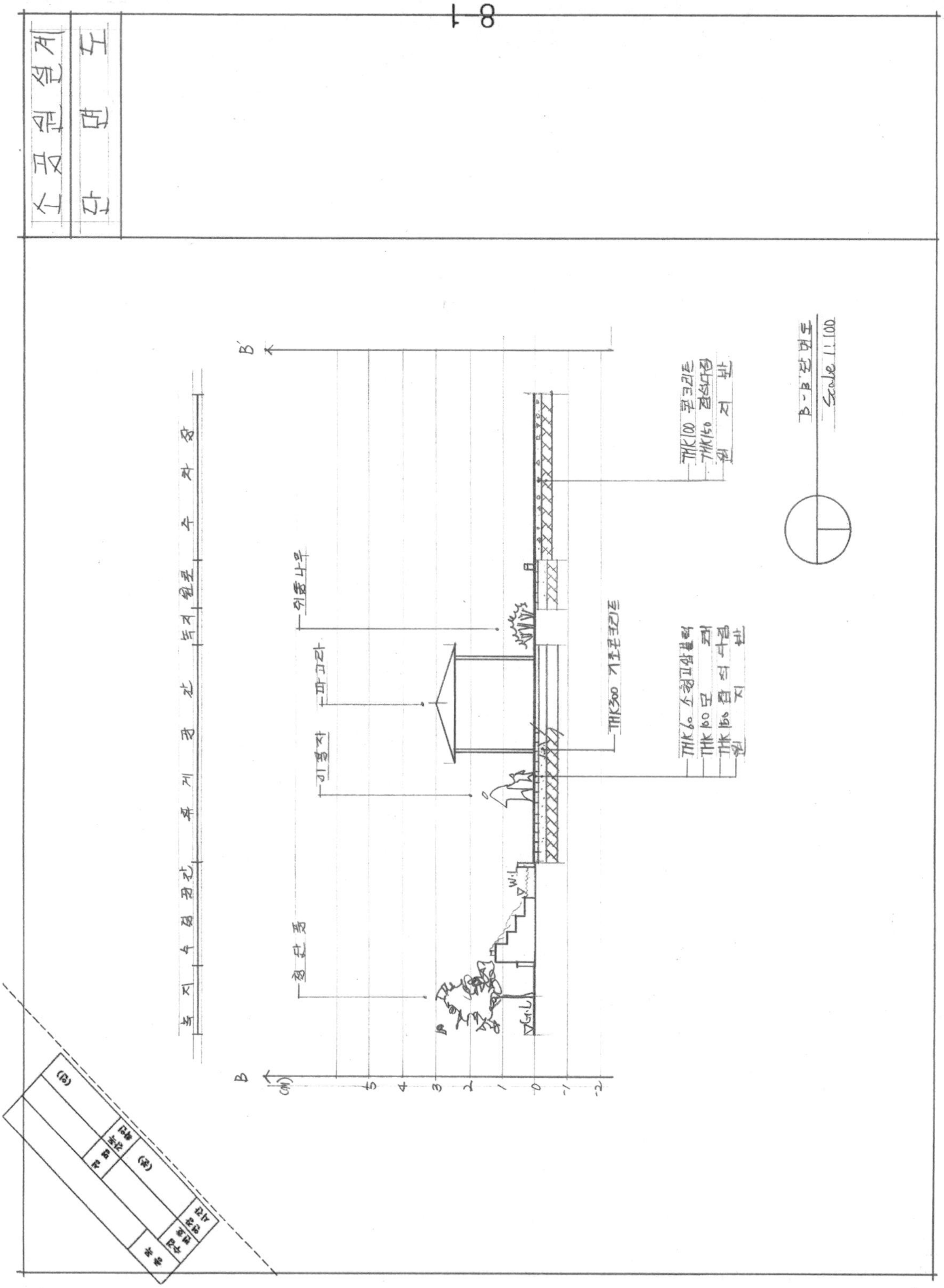

소공원설계
단면도

8-1

녹지 | 수경공간 | 휴게공간 | 녹지 | 원로 | 주차장

B　　B′

(M)
5
4
3
2
1
0
-1
-2

청단풍

이용자

파고라

쥐똥나무

▽G.L

▽W.L

THK300 기초콘크리트

THK60 소형고압블럭
THK100 모래
THK150 잡석다짐
원지반

THK100 콘크리트
THK150 잡석다짐
원지반

B-B′ 단면도
Scale 1:100

14. 최신기출과제(1)

● "계단식 폭포가 있는 소공원" 평면도/ 단면도의 연습과 해답

계단식 폭포의 형태에 임의의 레벨을 표시하고, 잘 그려진 입체도면을 보면 쉽게 이해 될 것이다. 새로운 부분은 놀이공간부분과 휴식공간 부분이 높다고 되어 있는데 계단이 없이 그려야 한다. 또한 치수가 정해진 놀이시설은 앞서 배운 "시설물 그리기"를 부분 페이지를 참조해서 이해하도록 하자. 미끄럼틀 치수는 출제자가 명확히 해줄 필요는 있는 치수로 파악된다.

학습목표 : 최근 가장 어려운 기출문제로, 외우듯이 익혀두자. 벽천의 새로운 형태로 분천식 벽천이다.
공간의 이해가 어려운 곳으로 표시된 view를 기준으로 입체도면을 첨부했다.

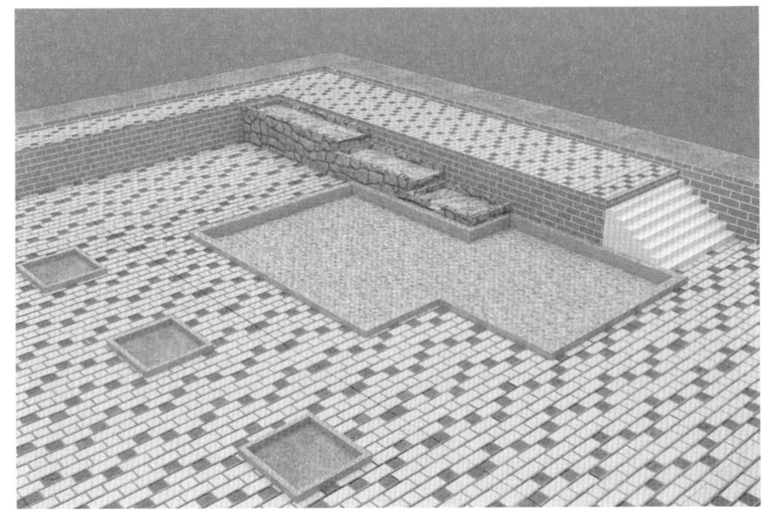

설계문제 : 우리나라 중부지역에 위치한 도로변의 빈 공간에 대한 조경설계를 하고자 한다. 주어진 도면을 참조하여 요구사항 및 조건들에 합당한 조경계획도 및 단면도를 작성하시오.

1. 현황도

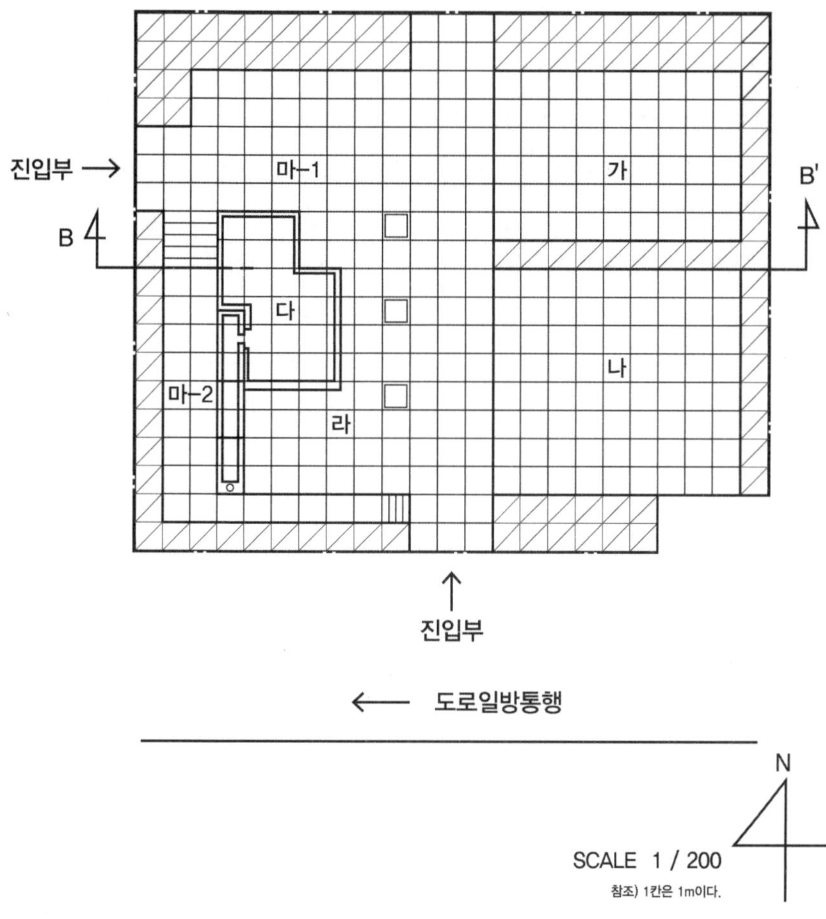

2. 요구사항

1) 식재 평면도를 위주로 한 조경계획도를 축척 1/100로 작성하시오(지급용지 1).
2) 도면 오른쪽 위에 작업명칭 작성하시오.
3) 도면 오른쪽에는 "주요시설물 수량표와 수목(식재)수량표"를 함께 작성하고, 수량표 아래쪽 여백을 이용하여 "방위표시와 막대축척"을 반드시 그려 넣으시오(단, 전체대상지의 길이를 고려하여 범례표의 폭을 조정할 수 있다).
4) 도면 전체적인 안정감을 위하여 "테두리선"을 작성하시오.

5) 도로변 소공원 부지 내의 B~B` 단면도를 축척 1/100로 작성하시오(지급용지-2).

3. 설계조건

1) 해당 지역은 도로변의 자투리 공간을 이용하여 휴식 및 어린이들이 즐길 수 있는 도로변 소공원으로 공원의 특징을 고려하여 조경계획도를 작성하시오.
2) 포장지역을 제외한 곳에는 모두 식재를 실시하시오(단, 녹지공간은 빗금친 부분, 분위기 고려하여 식재 실시하시오).
3) 포장지역은 "소형고압블록, 콘크리트, 고무칩, 투수콘크리트 등" 적당한 재료를 선택하여 재료의 사용이 적합한 장소에 기호로 표현하고, 포장명칭을 반드시 기입하시오.
4) "가" 지역은 휴식공간으로 이용자들의 편안한 휴식을 위해 파고라(6,000×3,500) 1개와 앉아서 휴식을 즐길 수 있도록 등벤치 1개 이상을 계획한다.
5) "나" 지역은 놀이공간으로 계획하고, 그 안에 어린이 놀이시설물 3개를 아래와 같은 규격으로 작성하시오(단간지주 미끄럼틀 H2,700×L4,200×W1,000mm, 4단철봉 H2,200×L4,000mm, 회전무대 H1,100×W2,200mm 배치하시오).
6) "다" 지역은 계류수경공간으로, 3단으로 단차가 있고 아래로 흘러 내리며, 주변부는 물이 차오르지 않도록 옹벽처리되어 있다. 연못 바닥의 깊이는 60cm 낮으며, 계단식 계류형의 물을 받는다.
7) "라" 지역은 수변주변공간으로 수목보호대(3개)에는 낙엽교목을 동일하게 식재하시오.
8) 마-1은 진입부로서 필요시 수목보호대를 추가 설치하여 포장 내에 식재를 할 수 있다.
9) 마-2은 산책 원로공간으로 주변부보다 1m가 높으며, 등벤치 2개, 휴지통 1개를 계획하시오.
10) 대상지 내에는 유도식재, 녹음식재, 경관식재, 소나무 군식 등의 식재패턴을 필요한 곳에 배식한다.
11) 수목은 아래에 주어진 수종 중에서 종류가 다른 10가지를 반드시 선정하여 골고루 한정적인 배식이 될 수 있도록 계획하며, 인출선을 이용

하여 수량, 수종명칭, 규격을 반드시 표기하시오.

> 소나무(H4.0×W2.0), 소나무(H3.0×W1.5), 소나무(H2.5×W1.2), 스트로브잣나무(H2.5×W1.2), 스트로브잣나무(H2.0×W1.0), 왕벚나무(H4.5×B15), 버즘나무(H3.5×B8), 느티나무(H3.0×R6), 청단풍(H2.5×R8), 다정큼나무(H1.0×W0.6), 태산목(H1.5×W0.5), 중국단풍(H2.5xR5), 자귀나무(H2.5×R6), 산딸나무(H2.0×R5), 동백나무(H2.5×R8), 산수유(H2.5×R7), 꽃사과(H2.5×R5), 수수꽃다리(H1.5×W0.6), 병꽃나무(H1.0×W0.4), 쥐똥나무(H1.0×W0.3), 명자나무(H0.6×W0.4), 산철쭉(H0.3×W0.4), 자산홍(H0.3×W0.3), 영산홍(H0.3×W0.3), 조릿대(H0.6×7가지)

12) B-B' 단면도는 경사, 포장재료, 경계선 및 기타 시설물의 기초, 주변의 수목, 중요 시설물, 이용자 등을 단면도상에 반드시 표기하고 높이차를 한눈에 볼 수 있도록 설계하시오.

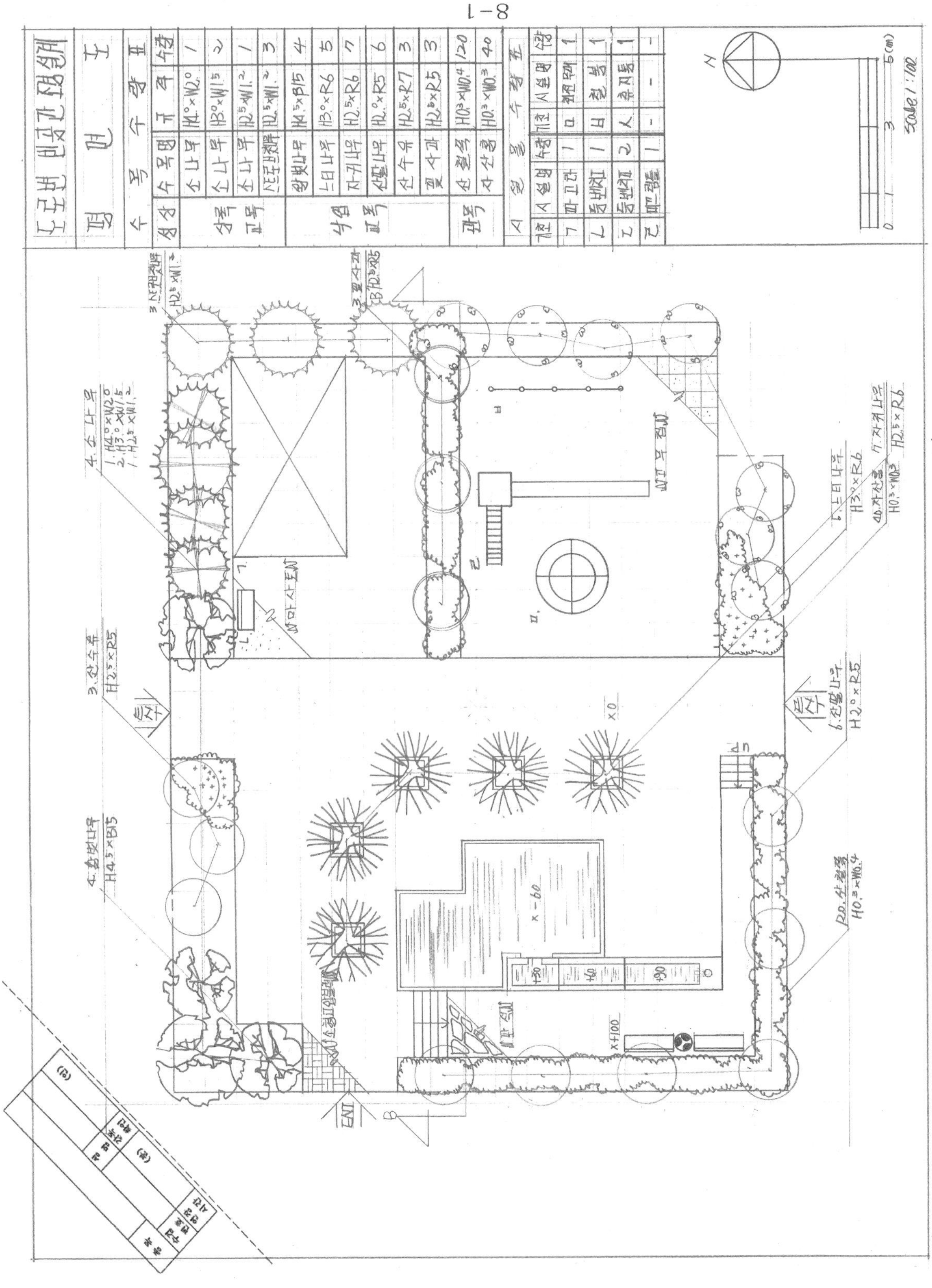

8-1

도로변 완충공간 조경설계

평면도

수목수량표

성상	수목명	규격	수량
상록교목	소나무	H4.0×W2.0	1
	소나무	H3.0×W1.5	2
	소나무	H2.5×W1.2	1
	스트로브잣나무	H2.5×W1.2	3
낙엽교목	왕벚나무	H4.5×B15	4
	느티나무	H3.0×R6	5
	자귀나무	H2.5×R6	7
	산딸나무	H2.0×R5	6
	산수유	H2.5×R7	3
	꽃사과	H2.5×R5	3
관목	산철쭉	H0.3×W0.4	120
	자산홍	H0.3×W0.3	40

시설물수량표

기호	시설명	수량	기호	시설명	수량
ㄱ	파고라	1	ㅁ	회전무대	1
ㄴ	등벤치	1	ㅂ	철봉	1
ㄷ	등벤치	2	ㅅ	휴지통	1
ㄹ	미끄럼틀	1	-	-	-

N

0 1 3 5(m)

Scale 1:100

4.소나무 1.H4.0×W2.0 2.H3.0×W1.5 1.H2.5×W1.2

3.스트로브잣나무 H2.5×W1.2

3.꽃사과 H2.5×R5

3.산수유 H2.5×R5

4.왕벚나무 H4.5×B15

5.느티나무 H3.0×R6

7.자귀나무 H2.5×R6

40.자산홍 H0.3×W0.3

6.산딸나무 H2.0×R5

120.산철쭉 H0.3×W0.4

어린이 놀이터

마사토포장

소형고압블럭포장

점토벽돌포장

ENT

x+100 x-60 x0 +30 +60 +90 UP

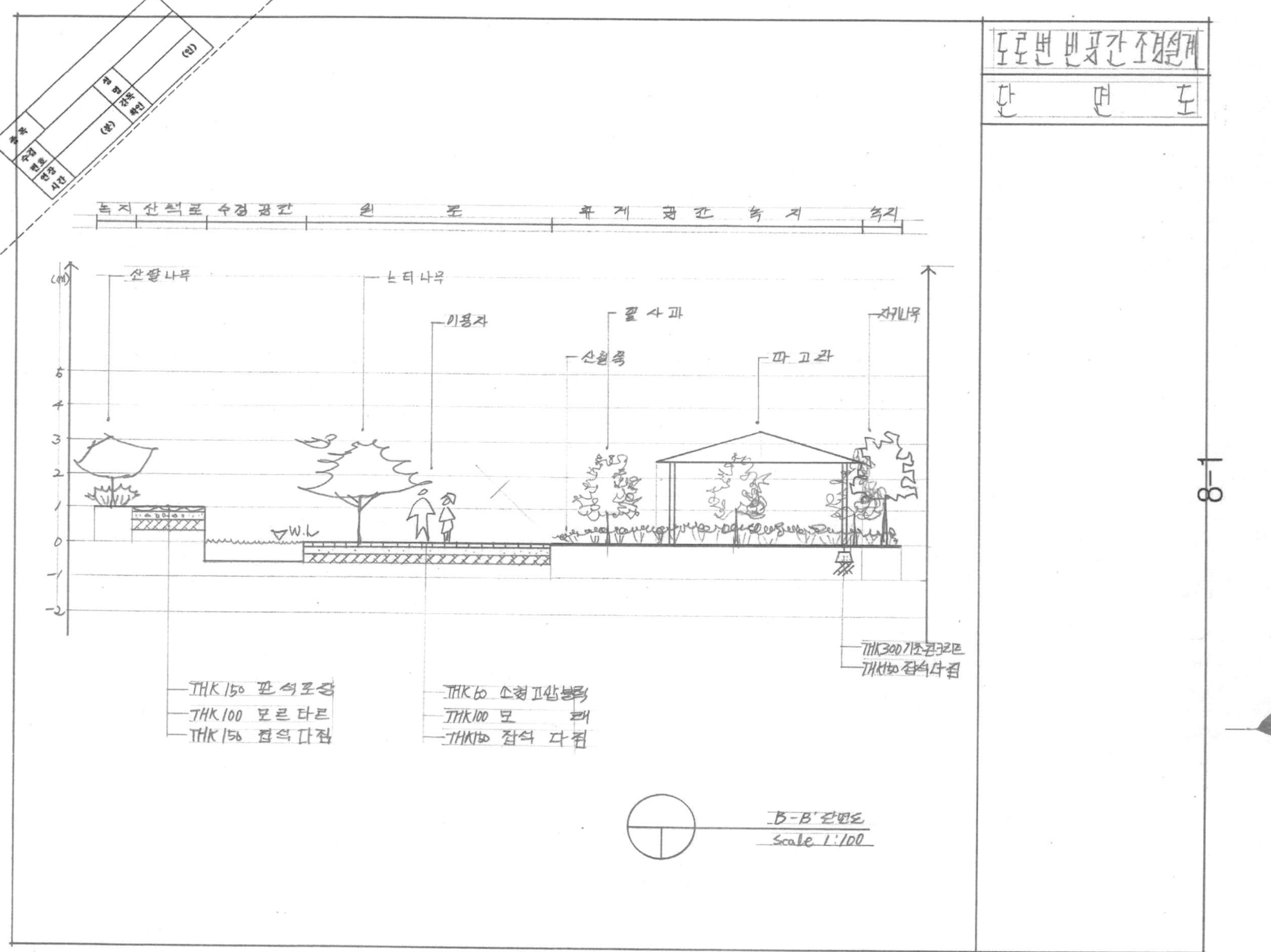
도로변 빈공간 조경설계
단면도
8-1
녹지 산책로 수경공간
원로
휴게공간 녹지
녹지
산딸나무
느티나무
이용자
꽃사과
산철쭉
파고라
자귀나무
W.L
THK150 판석포장
THK100 모르타르
THK150 잡석다짐
THK60 소형고압블럭
THK100 모래
THK150 잡석다짐
THK300 기초콘크리트
THK150 잡석다짐
B-B' 단면도
Scale 1:100

15. 최신기출과제(2)

● "등고선이 있는 최신기출 소공원" 평면도/ 단면도

진출입부가 휴게공간에 더 있는것은 색다른 문제로 보이며, 문제에서는 등고선이 단면도에 그려지지 않지만, 임의로 등고선 단면도 연습은 할 필요가 있다.

학습목표 : 가장 최근 기출문제로, 외우듯이 익혀두자.

설계문제 : 우리나라 중부지역에 위치한 도로변의 빈 공간에 대한 조경설계를 하고자 한다. 주어진 현황도 및 아래 사항을 참조하여 요구사항 및 조건들에 합당한 조경계획도 및 단면도를 작성하시오.

1. 현황도

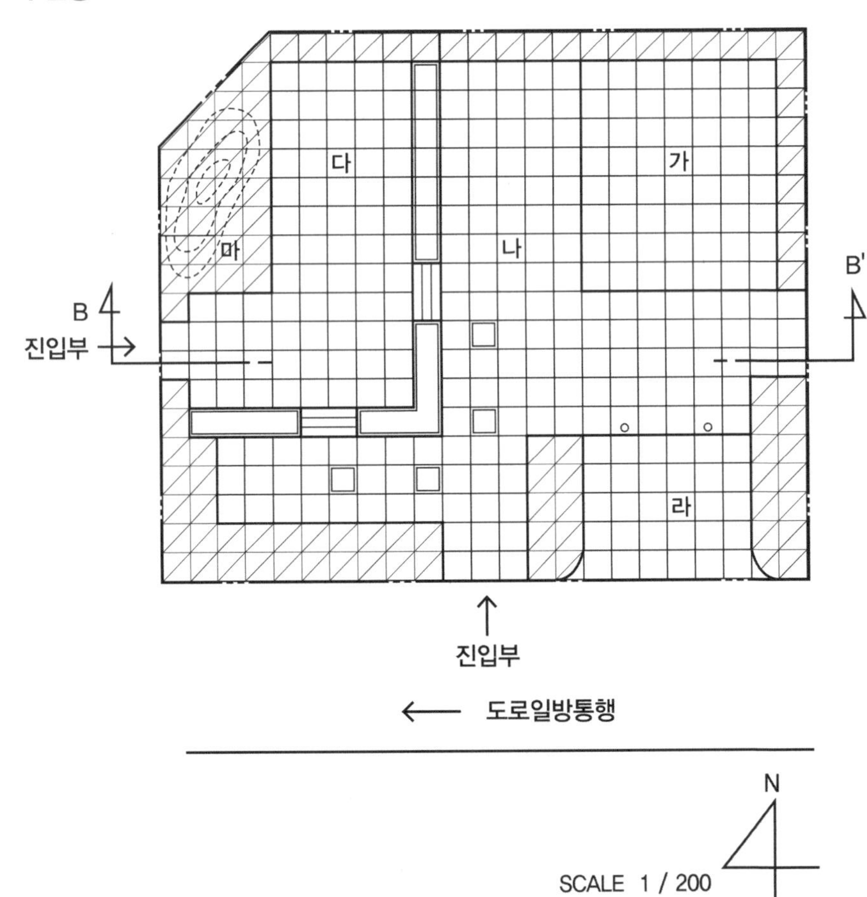

2. 요구사항

1) 식재평면도를 위주로 한 조경계획도를 축척 1/100으로 작성하시오(지급용지 1).
2) 도면 오른쪽 위에 작업명칭을 작성하시오.
3) 도면 오른쪽에는 "주요시설물 수량표와 수목(식재)수량표"를 함께 작성하고, 수량표 아래쪽 여백을 이용하여 "방위표시와 막대축척"을 반드시 그려 넣으시오(단, 전체대상지의 길이를 고려하여 범례표의 폭을 조정할 수 있다).
4) 도면 전체적인 안정감을 위하여 "테두리선"을 작성하시오.
5) 도로변 소공원 부지 내의 B~B' 단면도를 축척 1/100으로 작성하시오(지급용지-2).

3. 설계조건

1) 해당지역은 도로변의 자투리 공간을 이용하여 휴식 및 어린이들이 즐길 수 있는 도로변 소공원으로 공원의 특징을 고려하여 조경계획도를 작성하시오.
2) 포장지역을 제외한 곳에는 모두 식재를 실시하시오(단, 녹지공간은 빗금친 부분, 분위기를 고려하여 식재를 실시하시오).
3) 포장지역은 "소형고압블록, 콘크리트, 고무칩, 마사토, 투수콘크리트 등" 적당한 재료를 선택하여 재료의 사용이 적합한 장소에 기호로 표현하고, 포장명칭을 반드시 기입하시오.
4) **"가" 지역**은 놀이공간으로 계획하고, 그 안에 어린이 놀이시설물을 3종류 배치하시오.
5) **"나" 지역**은 원로 공간의 휴식공간으로 평벤치 2개를 설치하고, 수목보호대(4개)에 낙엽교목을 동일하게 식재하시오.
6) **"다" 지역**은 휴식공간으로 "가", "나", "라"에 비해 1m 높은 지역으로 계획하고, 이용자들의 편안한 휴식을 위해 파고라(3,500×3,500mm) 1개와 주변에 앉아서 휴식을 즐길 수 있도록 평벤치 1개를 계획 설계하시오.
7) **"라" 지역**은 주차공간으로 소형자동차(3,000×5,000mm) 2대가 주차할 수 있는 공간으로 계획하고 설계하시오.
8) **"마" 지역**은 등고선 1개당 20cm씩 높으며, 크기가 다른 소나무를 3종

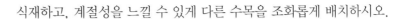

설계조건 8)의 등고선은 현황도 조건 판단에 따라 등고선 높이를 +20, +40, +60으로 표시해도 되며, 다른 방법으로 녹지부가 1m 높이로 같이 올라가 있다고 분석할 경우 +120, +140, +160으로 등고선에 표시하고, 주변 녹지부는 경계선을 그려야 한다.

식재하고, 계절성을 느낄 수 있게 다른 수목을 조화롭게 배치하시오.

9) 대상지 내에는 유도식재, 녹음식재, 경관식재, 소나무 군식 등의 식재 패턴을 필요한 곳에 배식하고, 필요에 따라 수목보호대를 추가로 설치하여 포장 내에 식재를 하시오.

10) 수목은 아래에 주어진 수종 중에서 종류가 다른 10가지를 반드시 선정하여 골고루 안정적인 배식이 될 수 있도록 계획하며, 인출선을 이용하여 수량, 수종명칭, 규격을 반드시 표기하시오.

소나무(H4.0×W2.0), 소나무(H3.0×W1.5), 소나무(H2.5×W1.2), 스트로브잣나무(H2.5×W1.2), 스트로브잣나무(H2.0×W1.0), 왕벚나무(H4.5×B15), 버즘나무(H3.5×B8), 느티나무(H3.0×R6), 중국단풍(H2.5xR5), 자귀나무(H2.5×R6), 산딸나무(H2.0×R5), 동백나무(H2.5×R8), 태산목(H1.5×W0.5), 산수유(H2.5×R7), 꽃사과(H2.5×R5), 수수꽃다리(H1.5×W0.6), 병꽃나무(H1.0×W0.4), 쥐똥나무(H1.0×W0.3), 명자나무(H0.6×W0.4), 산철쭉(H0.3×W0.4), 자산홍(H0.3×W0.3), 영산홍(H0.3×W0.3), 조릿대(H0.6×7가지)

11) B-B' 단면도는 경사, 포장재료, 경계선 및 기타 시설물의 기초, 주변의 수목, 중요 시설물, 이용자 등을 단면도상에 반드시 표기하고 높이차를 한눈에 볼 수 있도록 설계하시오.

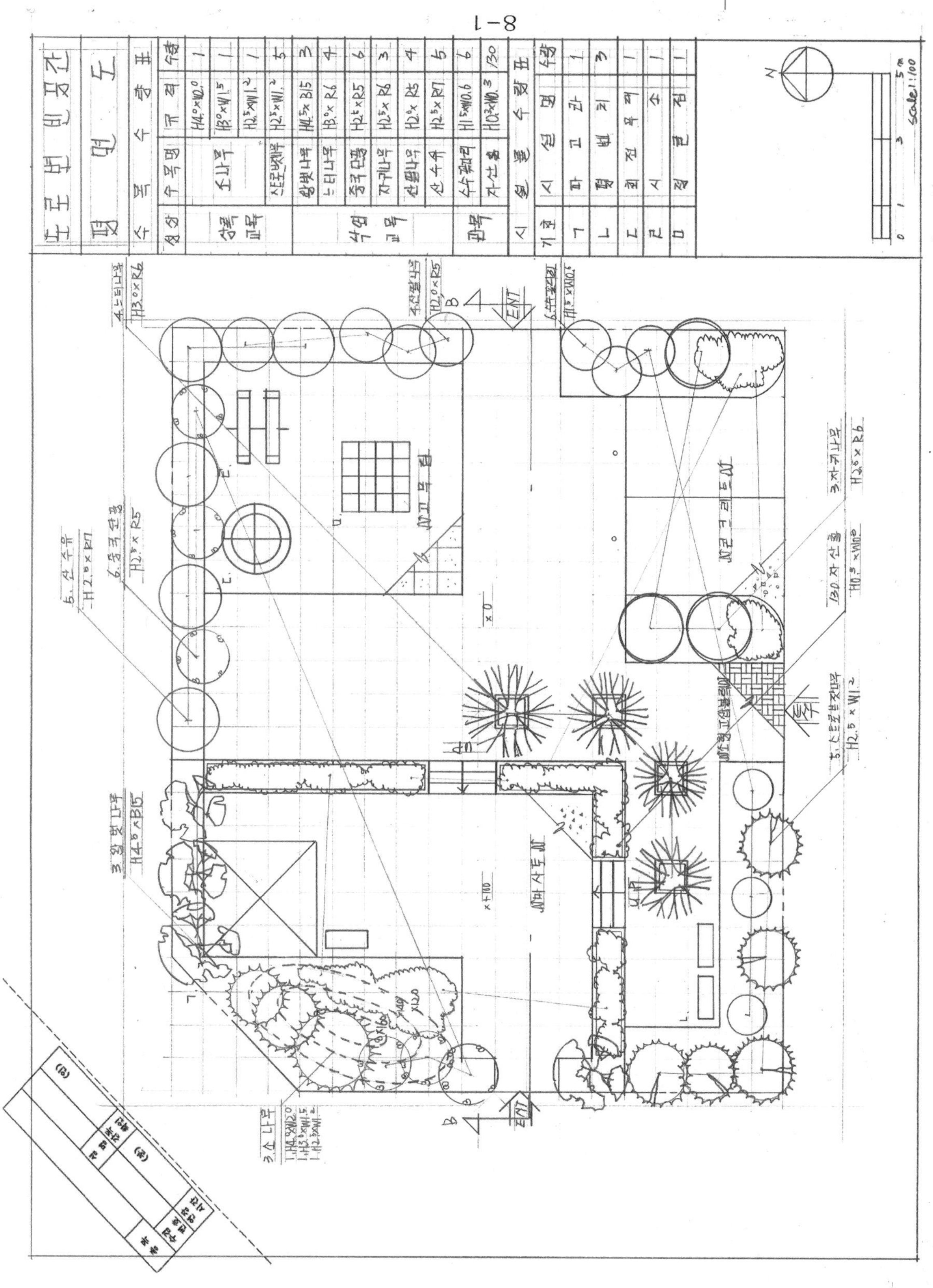

8-1

도로변 빈공간 평면도

수목 수량표

성상	수목명	규격	수량
상록교목	소나무	H4.0×W2.0	1
		H3.0×W1.5	1
		H2.5×W1.2	1
	스트로브잣나무	H2.5×W1.2	5
낙엽교목	왕벚나무	H4.5×B15	3
	느티나무	H3.0×R6	4
	중국단풍	H2.5×R5	6
	자귀나무	H2.5×R6	3
	산딸나무	H2.0×R5	4
	산수유	H2.5×R7	5
관목	수수꽃다리	H1.5×W0.6	6
	자산홍	H0.3×W0.3	130

시설물 수량표

기호	시설명	수량
ㄱ	파고라	1
ㄴ	평벤치	3
ㄷ	회전무대	1
ㄹ	시소	1
ㅁ	정글짐	1

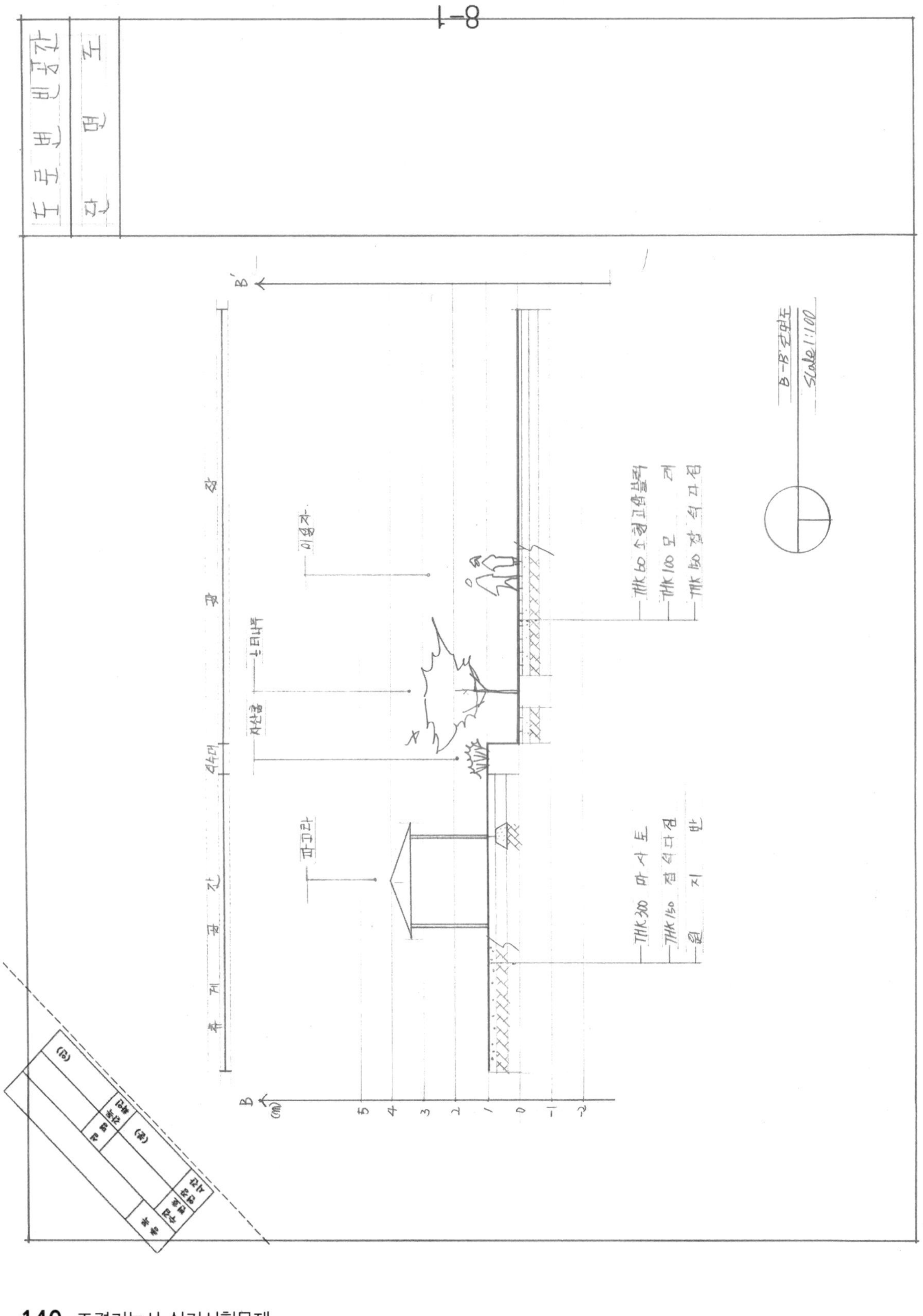

8-1

도로변 빈공간

단면도

B-B' 단면도
Scale 1:100

휴게공간 / 식수대 / 광장

파고라
자산홍
느티나무
이용자

THK 300 마사토
THK 150 잡석다짐
원지반

THK 60 소형고압블럭
THK 100 모래
THK 150 잡석다짐

B (m) 5 4 3 2 1 0 -1 -2 B'

16. 최신기출과제(3)

● "미로공간이 있는 최신기출 소공원" 평면도/ 단면도

학습목표 : 가장 최근 기출문제로, 외우듯이 익혀두자.

설계문제 : 우리나라 중부지역에 위치한 도로변 빈 공간 소공원에 대한 조경설계를 하고자 한다. 주어진 현황도 및 아래 사항을 참조하여 설계조건에 따라 조경계획도를 작성한다.

1. 현황도

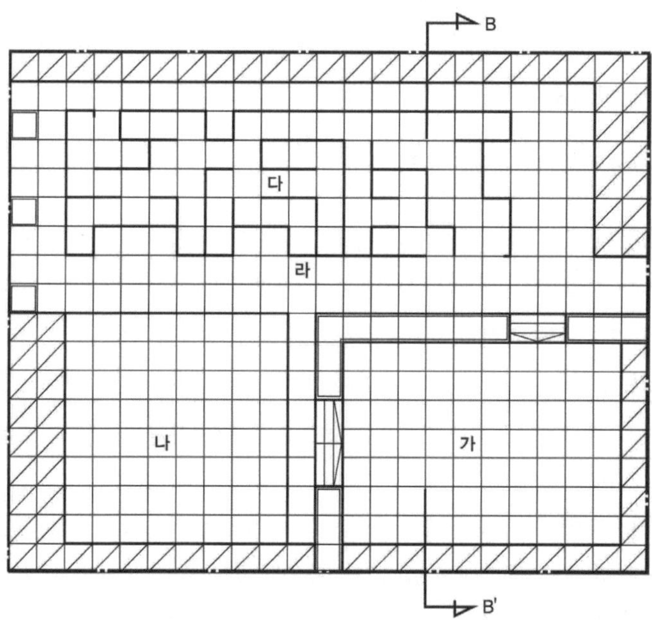

← 도로일방통행

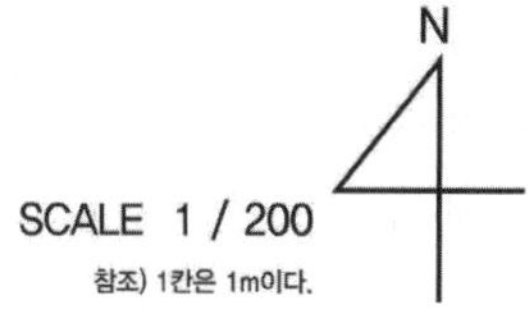

2. 요구사항

1) 식재평면도를 위주로 한 조경계획도를 축척 1/100로 작성하시오(지급용지 1).
2) 도면 오른쪽 위에 작업명칭 작성하시오.
3) 도면 오른쪽에는 "주요시설물 수량표와 수목(식재)수량표"를 함께 작성하고, 수량표 아래쪽 여백을 이용하여 "방위표시와 막대축척"을 반드시 그려 넣으시오(단, 전체대상지의 길이를 고려하여 범례표의 폭을 조정할 수 있다).
4) 도면 전체적인 안정감을 위하여 "테두리선"을 작성하시오.
5) 도로변 소공원 부지내의 B~B` 단면도를 축척 1/100로 작성하시오(지급용지 2).

3. 설계조건

1) 해당지역은 도로변의 자투리 공간을 이용하여 휴식 및 어린이들이 즐길 수 있는 도로변 소공원으로 공원의 특징을 고려하여 조경계획도를 작성하시오.
2) 포장지역을 제외한 곳에는 모두 식재를 실시하시오(단, 녹지공간은 빗금친 부분, 분위기 고려하여 식재 실시하시오).
3) 포장지역은 "점토벽돌, 화강석블럭포장, 콘크리트, 고무칩, 마사토, 투수콘크리트 등" 적당한 재료를 선택하여 재료의 사용이 적합한 장소에 기호로 표현하고, 포장명칭을 반드시 기입하시오.
4) **"가" 지역**은 나, 다, 라 지역에 비해 1m가 높은 놀이 공간으로 2연식 시소, 회전무대, 3단철봉, 정글짐 등 3가지 이상의 시설물로 계획하고 설계하시오.
5) **"나" 지역**은 정적인 휴식공간으로 이용자들의 편안한 휴식을 위해 파고라(3,000×5,000mm) 1개소를 설치하시오.
6) **"다" 지역**은 미로공간으로 담장의 소재와 폭은 자유롭게 하며, 높이는 대략 1m 정도로 설계 · 계획하시오.
7) **"라" 지역**은 대상지 내에 보행자 통행에 지장을 주지 않는 곳에 2인용 평상형 벤치(1,200×500mm) 3개(단, 파고라 안에 설치된 벤치는 제외), 휴지통 3개소를 설치하시오.
8) 대상지 내에는 유도식재, 녹음식재, 경관식재, 소나무 군식 등의 식재

패턴을 필요한 곳에 배식하고, 필요한 곳에 수목보호대를 설치하여 포장 내에 식재를 하시오.

9) 수목은 아래에 주어진 수종 중에서 종류가 다른 10가지를 반드시 선정하여 골고루 안정적인 배식이 될 수 있도록 계획하며, 인출선을 이용하여 수량, 수종명칭, 규격을 반드시 표기하시오.

소나무(H4.0xW2.0), 소나무(H3.0xW1.5), 소나무(H2.5xW1.2), 스트로브잣나무(H2.5xW1.2), 스트로브잣나무(H2.0xW1.0), 왕벚나무(H4.5xB15), 버즘나무(H3.5xB8), 느티나무(H3.0xR6), 청단풍(H2.5xR8), 다정큼나무(H1.0xW0.6), 동백나무(H2.5xR8), 중국단풍(H2.5xR5), 굴거리나무(H1.0xW0.6), 자귀나무(H2.5xR6), 태산목(H1.5xW0.5), 먼나무(H2.5xR5), 산딸나무(H2.0xR5), 산수유(H2.5xR7), 꽃사과(H2.5xR5), 수수꽃다리(H1.5xW0.6), 병꽃나무(H1.0xW0.4), 쥐똥나무(H1.0xW0.3), 명자나무(H0.6xW0.4), 산철쭉(H0.3xW0.4), 자산홍(H0.3xW0.3), 영산홍(H0.3xW0.3), 조릿대(H0.6x7가지)

10) B-B' 단면도는 경사, 포장재료, 경계선 및 기타 시설물의 기초, 주변의 수목, 중요 시설물, 이용자 등을 단면도상에 반드시 표기하고 높이차를 한눈에 볼 수 있도록 설계하시오.

8-1

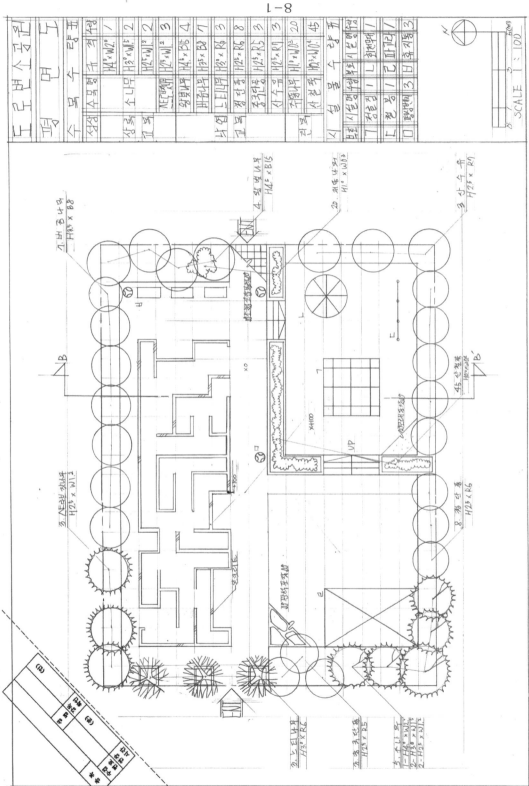

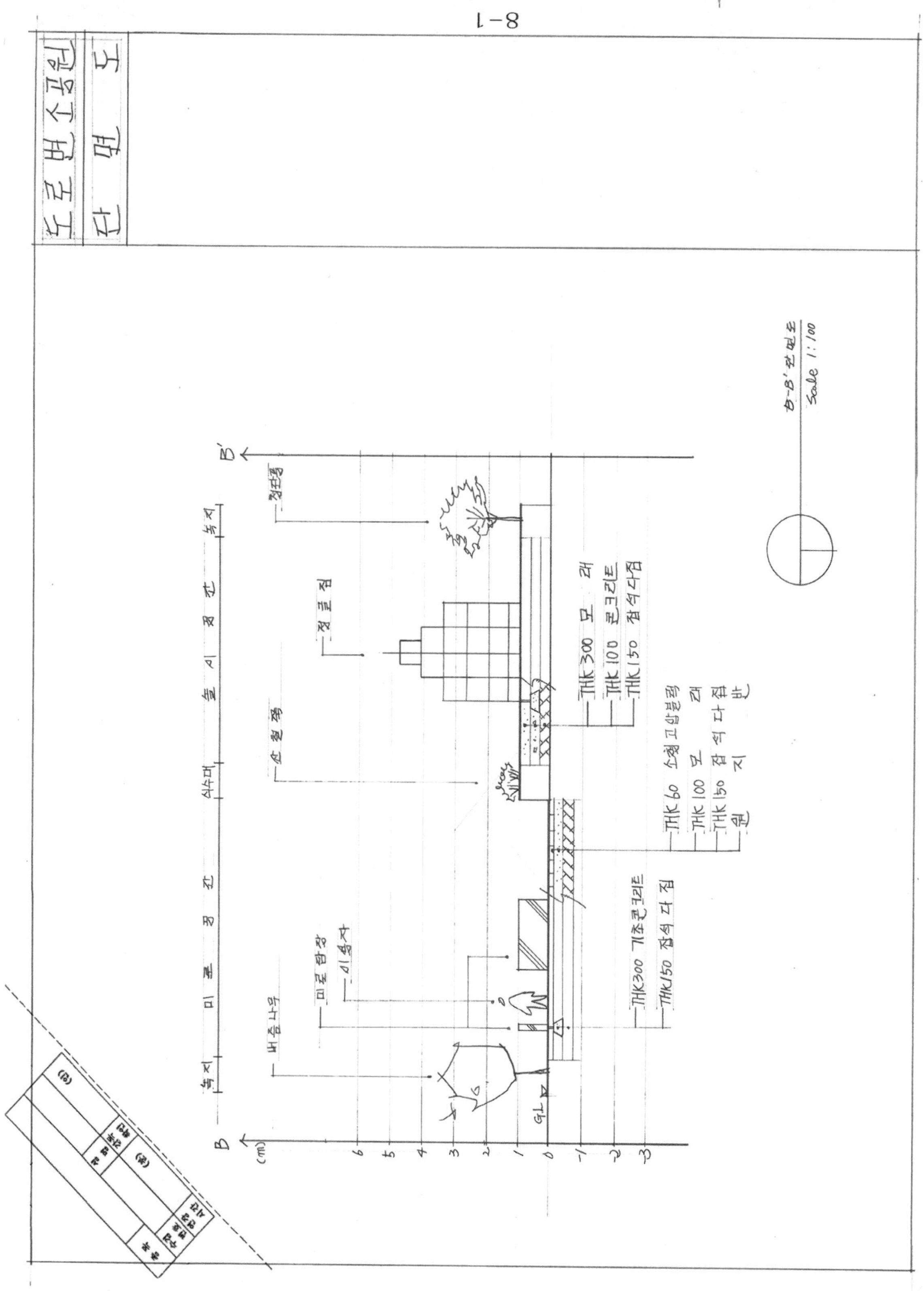

도로변소공원

단 면 도

8-1

녹지 | 미 로 공 간 | 식수대 | 휴 식 공 간 | 녹지

B

B'

(m)

6
5
4
3
2
1
0
-1
-2
-3

GL

버즘나무

미로담장

이용자

산철쭉

정글짐

청단풍

THK300 모 래
THK100 콘크리트
THK150 잡석다짐

THK300 기초콘크리트
THK150 잡석 다 짐

THK60 소형고압블럭
THK100 모 래
THK150 잡 석 다 짐
원 지 반

B-B' 단면도
Scale 1:100

17. 최신기출과제(4)

● "야외무대가 있는 침상형 소공원" 평면도/ 단면도

"나"주변은 계단형으로, 계단이면서 "관람석"이 된다.

2016년 1회차 문제에서 다시 출제되었으니 주의깊게 봅시다!

– 무대가 반호(대형 원형)로 출제되어 부정형을 ① 프리핸드(손으로 떨어가며)로 작성하거나 점을 찍어서 연결하는 방식 ② 자유곡선자를 이용하는 방법 ③ 콤파스를 이용하는 방법의 대안이 필요하나 콤파스는 추천하지 않는다. 종이가 찢어지고 초심자는 사용하기 어렵다.

2015–2016년 최근 시험 트렌드

새로운 유형의 문제를 출제하거나 시험기간동안 유형이 다른 최근 기출문제 3개를 돌려 출제하는 경향이 있음

학습목표 : 가장 최근 기출문제로, 외우듯이 익혀두자.

설계문제 : 우리나라 중부지역에 위치한 도로변 빈 공간 소공원에 대한 조경설계를 하고자 한다. 주어진 현황도 및 아래 사항을 참조하여 설계조건에 따라 조경계획도를 작성한다.

1. 현황도

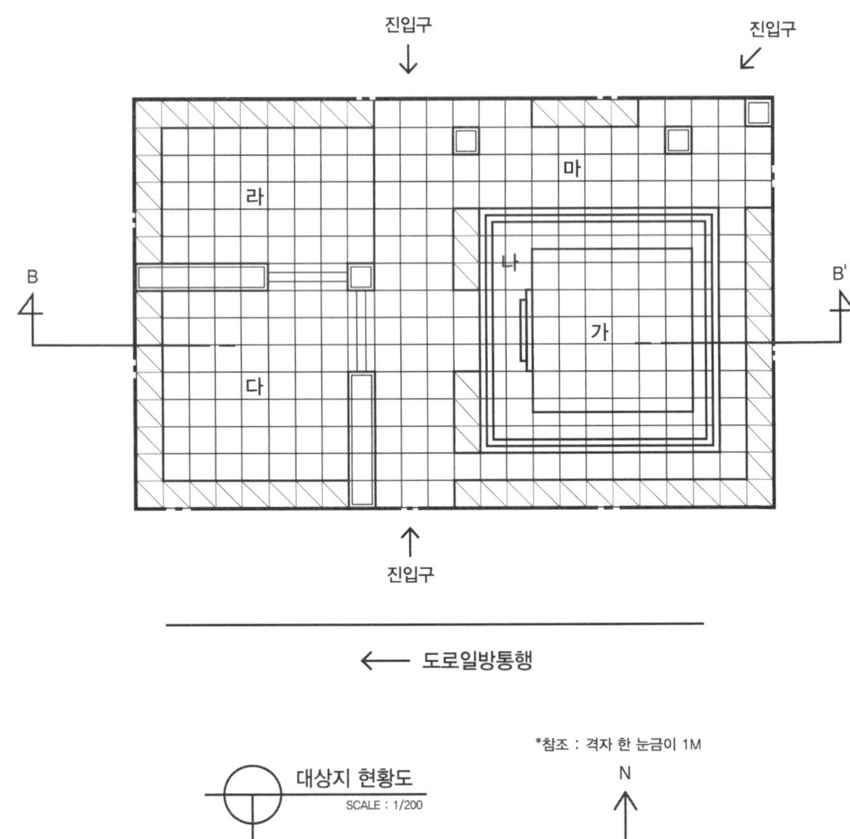

2. 요구사항

우리나라 중부지역에 위치한 도로변 빈 공간 소공원에 대한 조경설계를 하고자 한다. 주어진 현황도 및 아래 사항을 참조하여 설계조건에 따라 조경계획도를 작성한다.

1) 식재 평면도를 위주로 한 조경계획도를 축척 1/100 로 작성하시오(지급용지-1).
2) 도면 오른쪽 위에 작업명칭을 작성하시오.
3) 도면 오른쪽에는 "주요시설물 수량표와 수목(식재)수량표"를 함께 작성하고, 수량표 아래쪽 여백을 이용하여 "방위표시와 막대축척"을 반드시 그려 넣으시오(단, 전체대상지의 길이를 고려하여 범례표의 폭을 조정할 수 있다).
4) 도면 전체적인 안정감을 위하여 "테두리선"을 작성하시오.
5) 도로변 소공원 부지 내의 B~B` 단면도를 축척 1/100로 작성하시오(지급용지-2).

3. 설계조건

1) 해당지역은 도로변의 자투리 공간을 이용하여 휴식 및 어린이들이 즐길 수 있는 도로변 소공원으로 공원의 특징을 고려하여 조경계획도를 작성하시오.
2) 포장지역을 제외한 곳에는 모두 식재를 실시하시오(단, 녹지공간은 빗금친 부분, 분위기 고려하여 식재 실시하시오).
3) 포장지역은 "점토벽돌, 화강석블럭포장, 콘크리트, 고무칩, 마사토, 투수콘크리트 등" 적당한 재료를 선택하여 재료의 사용이 적합한 장소에 기호로 표현하고, 포장명칭을 반드시 기입하시오.
4) **"가"지역**은 야외무대 공간으로 "나"지역보다는 60cm 높고, 바닥포장재료는 공연 시 미끄러짐이 없는 것을 선택하시오(단, 녹지대쪽 가림벽(2.5m)이 설치된 경우 그 높이를 고려하여 계획함).
5) **"나"지역**은 공연장과 관람석과의 완충공간으로 공연이 없을 경우 동적인 휴식 공간으로 활용하고자하며, "마"지역보다 1.0m 낮게 배치하시오.
6) **"다"지역**은 놀이공간으로 "마", "라"지역보다 낮게 계획하고, 그 안에 어린이 놀이 시설물을 3종류(회전무대, 3연식 철봉, 정글짐, 2연식 시

"나"지역은 주변("마")보다 1m 낮은 침상형(선큰광장) 공간이다.

"침상형" 공간이란?
사전적 의미로 "sunken 선큰 : (주변 지역보다) 가라앉은"이다.

소 등)를 배치하시오.

7) **"라"지역**은 정적인 휴식공간으로 파고라(3,500×3,500mm) 1개와 등받이형 벤치(1,200×500mm) 2개, 휴지통 1개를 설치하시오.

8) **"마"지역**은 보행공간으로 각각의 공간을 연계할 수 있으며, 공간별 높이 차이는 식수대(plant box)로 처리하였으며, 주진입구에는 동일한 수종을 3주 식재하며, 적합한 장소를 선택하여 평상형 벤치와 휴지통을 추가로 설치하시오.

9) 대상지내에는 유도식재, 녹음식재, 경관식재, 소나무 군식 등의 식재 패턴을 필요한 곳에 배식하고, 3개의 수목보호대에는 녹음식재를 실시하고, 필요에 따라 수목보호대를 추가로 설치하며 추가로 설치하여 포장 내에 식재를 하시오.

10) 수목은 아래에 주어진 수종 중에서 종류가 다른 10가지를 반드시 선정하여 골고루 안정적인 배식이 될 수 있도록 계획하며, 인출선을 이용하여 수량, 수종명칭, 규격을 반드시 표기하시오.

소나무(H4.0xW2.0), 소나무(H3.0xW1.5), 소나무(H2.5xW1.2), 스트로브잣나무(H2.5xW1.2), 스트로브잣나무(H2.0xW1.0), 왕벚나무(H4.5xB15), 버즘나무(H3.5xB8), 느티나무(H3.0xR6), 은행나무(H3.5xB8), 대왕참나무(H4.5xR18), 청단풍(H2.5xR8), 중국단풍(H2.5xR5), 살구나무(H2.5xR5), 다정큼나무(H1.0xW0.6), 동백나무(H2.5xR8), 자귀나무(H2.5xR6), 굴거리나무(H1.0xW0.6), 태산목(H1.5xW0.5), 먼나무(H2.5xR5), 산딸나무(H2.0xR5), 산수유(H2.5xR7), 꽃사과(H2.5xR5), 수수꽃다리(H1.5xW0.6), 병꽃나무(H1.0xW0.4), 쥐똥나무(H1.0xW0.3), 명자나무(H0.6xW0.4), 산철쭉(H0.3xW0.4), 회양목(H0.3xW0.4), 자산홍(H0.3xW0.3), 영산홍(H0.3xW0.3), 조릿대(H0.6x7가지), 매화나무 (H2.0xR4), 잔디(0.3x0.3x0.03)

11) B-B' 단면도는 경사, 포장재료, 경계선 및 기타 시설물의 기초, 주변의 수목, 중요 시설물, 이용자 등을 단면도상에 반드시 표기하고 높이 차를 한눈에 볼 수 있도록 설계하시오.

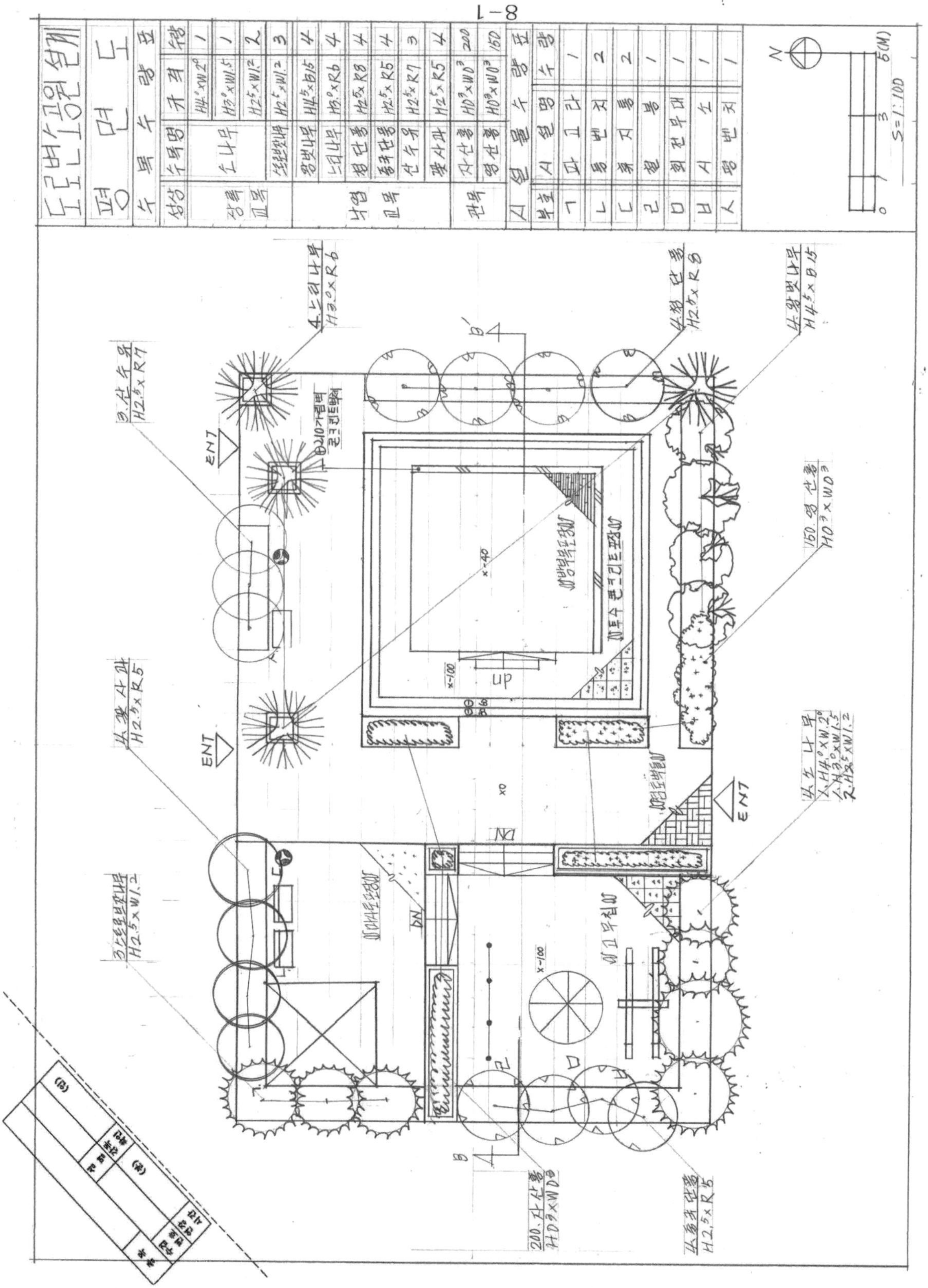

8-1

도로변소공원설계

평 면 도

수 목 수 량 표			
성상	수목명	규격	수량
상록교목	소나무	H4.0×W2.0	1
		H3.0×W1.5	1
		H2.5×W1.2	2
	스트로브잣나무	H2.5×W1.2	3
낙엽교목	왕벚나무	H4.5×B15	4
	느티나무	H3.0×R6	4
	청단풍	H2.5×R8	4
	홍단풍	H2.5×R5	4
	산수유	H2.5×R7	3
	꽃사과	H2.5×R5	4
관목	자산홍	H0.3×W0.3	200
	영산홍	H0.3×W0.3	150

시 설 물 수 량 표		
부호	시설명	수량
ㄱ	파고라	1
ㄴ	등벤치	2
ㄷ	휴지통	2
ㄹ	철봉	1
ㅁ	회전무대	1
ㅂ	시소	1
ㅅ	평벤치	1

N

0 1 3 5(M)

S=1:100

3.스트로브잣나무 H2.5×W1.2

4.꽃사과 H2.5×R5

3.산수유 H2.5×R7

4.느티나무 H3.0×R6

4.청단풍 H2.5×R8

4.왕벚나무 H4.5×B15

150.영산홍 H0.3×W0.3

4.소나무 1.H4.0×W2.0 1.H3.0×W1.5 2.H2.5×W1.2

4.홍단풍 H2.5×R5

200.자산홍 H0.3×W0.3

ENT

ENT

ENT

Ⓗ210 가림벽 콘크리트벽체

마사토포장

모래포장

투수 콘크리트포장

보도블럭포장

점토벽돌포장

DN

DN

UP

x-100

x-40

x0

B

B'

수험번호		감독확인	
성명			(인)
연장시간			(인)

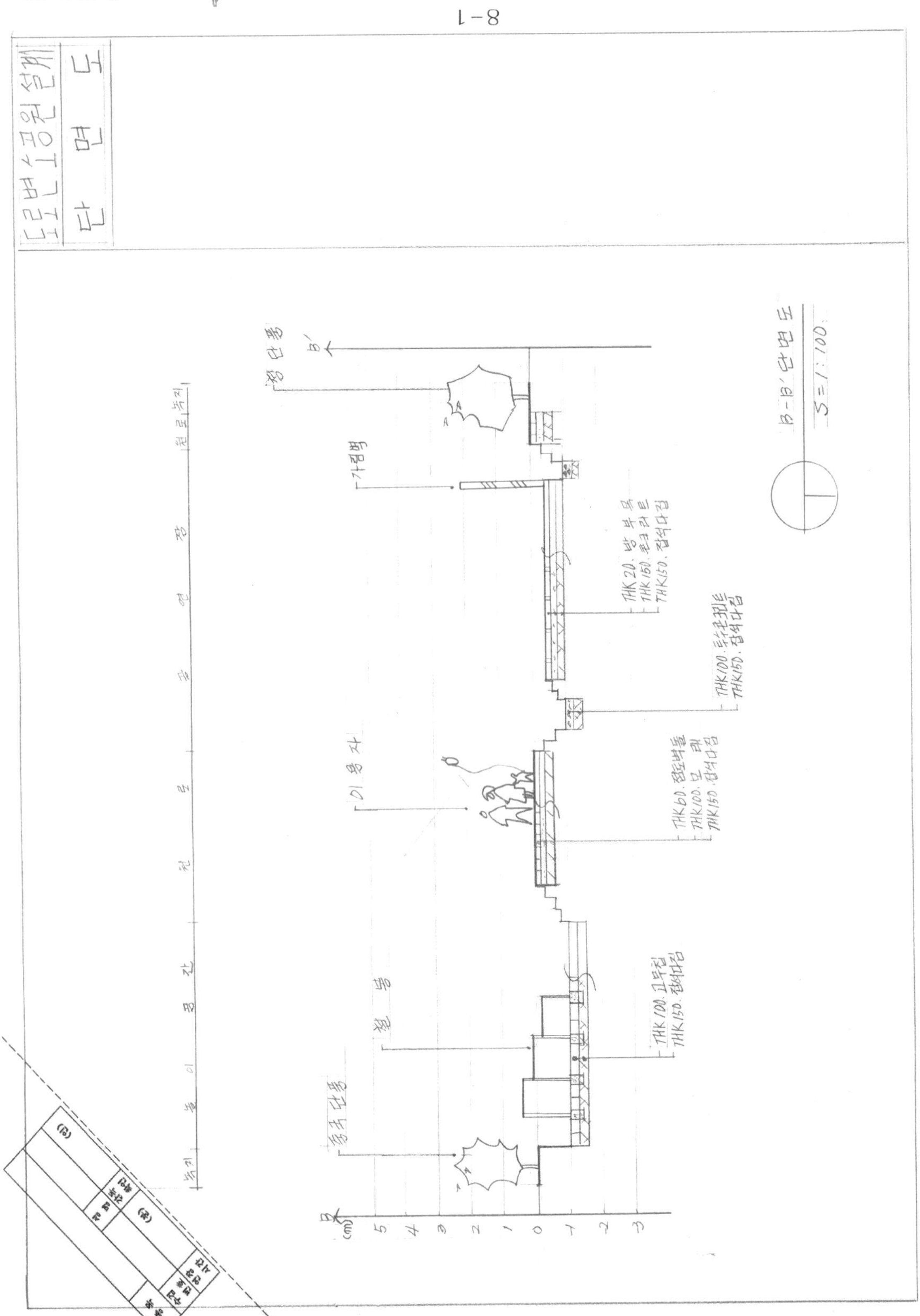

8-1

도로변소공원설계

단면도

B-B' 단면도

S=1:100

청단풍

가림벽

THK20. 방부목
THK150. 콘크리트
THK150. 잡석다짐

THK100. 무근콘크리트
THK150. 잡석다짐

이용자

THK60. 점토벽돌
THK100. 모래
THK150. 잡석다짐

THK100. 고무칩
THK150. 잡석다짐

중국단풍

18. 최신기출과제(5)

● "장애인 경사로가 있는 도섭지 소공원" 평면도/ 단면도

학습목표 : 가장 최근 기출문제로, 외우듯이 익혀두자.

설계문제 : 우리나라 중부지역에 위치한 도로변 빈 공간 소공원에 대한 조경설계를 하고자 한다. 주어진 현황도 및 아래 사항을 참조하여 설계조건에 따라 조경계획도 및 단면도를 작성하시오.

도섭지란?

– 어린이 무릎 깊이의 수심으로 들어가 놀 수 있는 동적 수경공간

1. 현황도

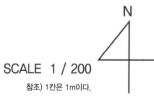

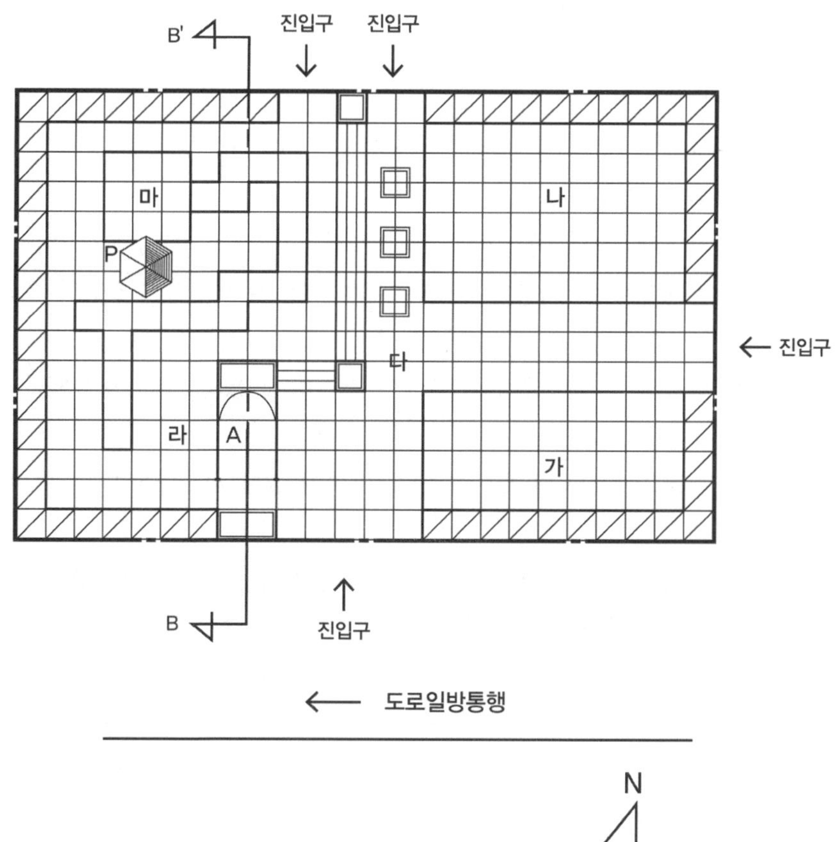

2. 요구사항

1) 식재 평면도를 위주로 한 조경계획도를 축척 1/100로 작성하시오(지급용지 1).
2) 도면 오른쪽 위에 작업명칭을 작성하시오.
3) 도면 오른쪽에는 "주요시설물 수량표와 수목(식재)수량표"를 함께 작성하고, 수량표 아래쪽 여백을 이용하여 "방위표시와 막대축척"을 반드시 그려 넣으시오(단, 전체 대상지의 길이를 고려하여 범례표의 폭을 조정할 수 있다).
4) 도면 전체적인 안정감을 위하여 "테두리선"을 작성하시오.
5) 도로변 소공원 부지내의 B~B′ 단면도를 축척 1/100로 작성하시오(지급용지 2).

3. 설계조건

1) 해당지역은 도로변의 자투리 공간을 이용하여 휴식 및 어린이들이 즐길 수 있는 도로변 소공원으로 공원의 특징을 고려하여 조경계획도를 작성하시오.
2) 포장지역을 제외한 곳에는 모두 식재를 실시하시오(단, 녹지공간은 빗금친 부분, 분위기를 고려).
3) 포장지역은 "점토벽돌, 화강석블럭포장, 콘크리트, 고무칩, 마사토, 투수콘크리트 등" 적당한 재료를 선택하여 재료의 사용이 적합한 장소에 기호로 표현하고, 포장명칭을 반드시 기입하시오.
4) **"가"지역**은 정적인 휴식공간으로 파고라(3,500x3,500mm) 1개와 휴지통 1개를 설치하시오.
5) **"나"지역**은 놀이공간으로 그 안에 어린이 놀이 시설물을 3종류를 배치하시오.
6) **"다"지역**은 보행공간으로 각각의 공간을 연계할 수 있으며, 적합한 장소를 선택하여 평상형 벤치와 휴지통을 추가로 설치하시오.
7) **"라"지역**은 수경공간주변으로 "가", "나", "다" 지역보다는 100cm 낮게 계획하고, 공간별 높이 차이는 식수대(plant box)로 처리하였으며, A는 "장애인 경사로"로 장애인들이 편안히 접근할 수 있도록 하는 보행공간으로 계획하시오.
8) **"마"지역**은 P–"정자"가 있는 수경공간으로 이와 연계된 "도섭지"는

주변보다 30cm가 낮게 계획되어 있고, 어린이들이 들어가 놀 수 있는 동적공간으로 계획하시오.

9) 대상지 내에는 유도식재, 녹음식재, 경관식재, 소나무 군식 등의 식재 패턴을 필요한 곳에 배식하고, 3개의 수목보호대에는 녹음식재를 실시하고, 필요에 따라 수목보호대를 추가로 설치하여 추가로 설치하여 포장 내에 식재를 하시오.

10) 수목은 아래에 주어진 수종 중에서 종류가 다른 10가지를 반드시 선정하여 골고루 안정적인 배식이 될 수 있도록 계획하며, 인출선을 이용하여 수량, 수종명칭, 규격을 반드시 표기하시오.

소나무(H4.0xW2.0), 소나무(H3.0xW1.5), 소나무(H2.5xW1.2), 스트로브잣나무(H2.5xW1.2), 스트로브잣나무(H2.0xW1.0), 왕벚나무(H4.5xB15), 버즘나무(H3.5xB8), 느티나무(H3.0xR6), 은행나무(H3.5xB8), 대왕참나무(H4.5xR18), 청단풍(H2.5xR8), 중국단풍(H2.5xR5), 살구나무(H2.5xR5), 다정큼나무(H1.0xW0.6), 동백나무(H2.5xR8), 자귀나무(H2.5xR6), 굴거리나무(H1.0xW0.6), 태산목(H1.5xW0.5), 먼나무(H2.5xR5), 산딸나무(H2.0xR5), 산수유(H2.5xR7), 꽃사과(H2.5xR5), 수수꽃다리(H1.5xW0.6), 병꽃나무(H1.0xW0.4), 쥐똥나무(H1.0xW0.3), 명자나무(H0.6xW0.4), 산철쭉(H0.3xW0.4), 회양목(H0.3xW0.4), 자산홍(H0.3xW0.3), 영산홍(H0.3xW0.3), 조릿대(H0.6x7가지), 매화나무 (H2.0xR4), 잔디(0.3x0.3x0.03)

11) B-B′ 단면도는 경사, 포장재료, 경계선 및 기타 시설물의 기초, 주변의 수목, 중요 시설물, 이용자 등을 단면도상에 반드시 표기하고 높이차를 한눈에 볼 수 있도록 설계하시오.

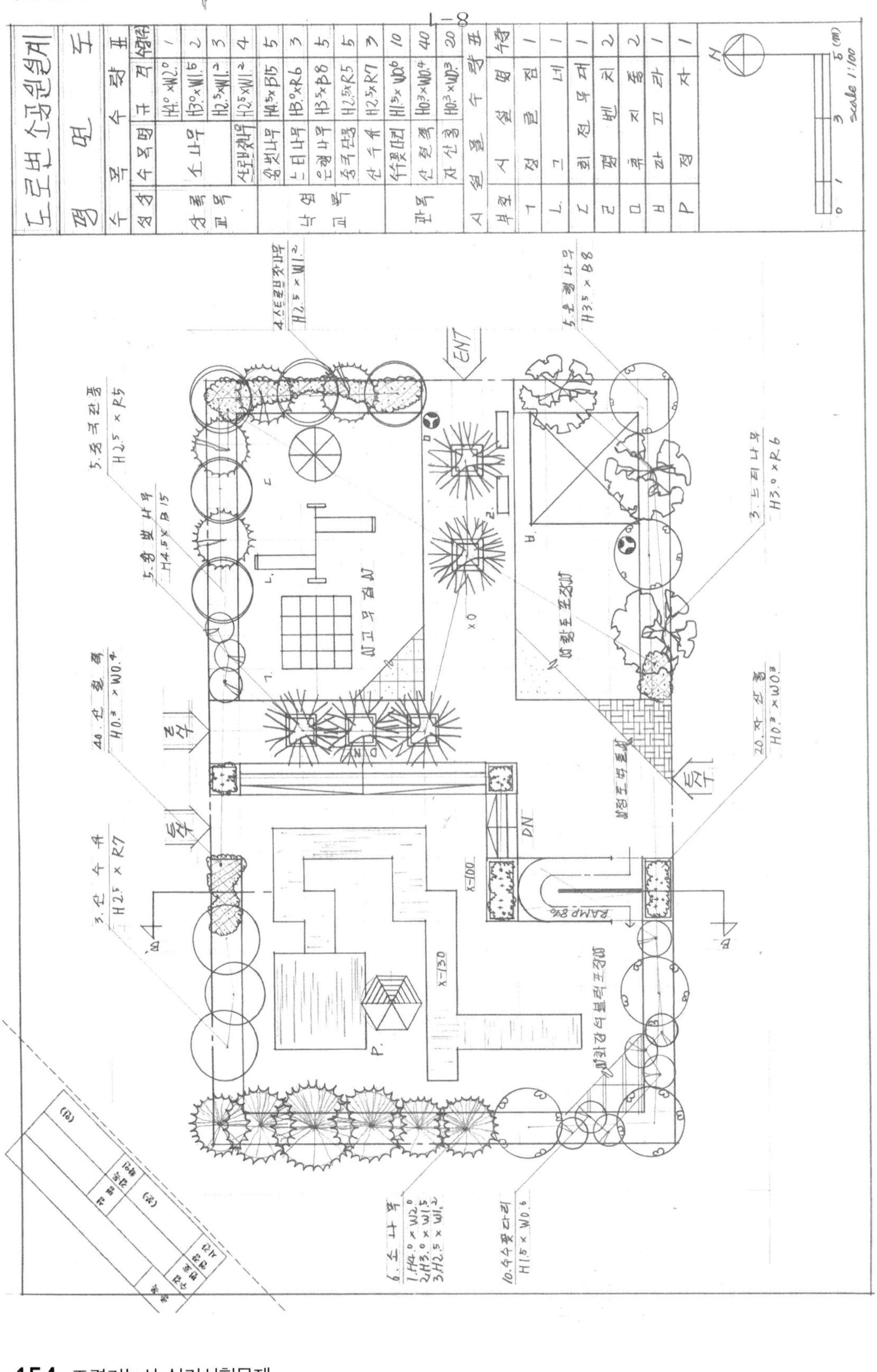

도로변 소공원설계

평 면 도

8-1

수 목 수 량 표

성 상	수 목 명	규 격	수량(주)
상록교목	소나무	H4.0×W2.0	1
		H3.0×W1.5	2
		H2.5×W1.2	3
	스트로브잣나무	H2.5×W1.2	4
낙엽교목	왕벚나무	H4.5×B15	5
	느티나무	H3.0×R6	3
	은행나무	H3.5×B8	5
	중국단풍	H2.5×R5	5
	산수유	H2.5×R7	3
관목	수수꽃다리	H1.5×W0.6	10
	산철쭉	H0.3×W0.4	40
	자산홍	H0.3×W0.3	20

시 설 물 수 량 표

부호	시 설 명	수량
ㄱ	정글짐	1
ㄴ	그네	1
ㄷ	회전무대	1
ㄹ	평벤치	2
ㅁ	휴지통	2
ㅂ	파고라	1
P	정자	1

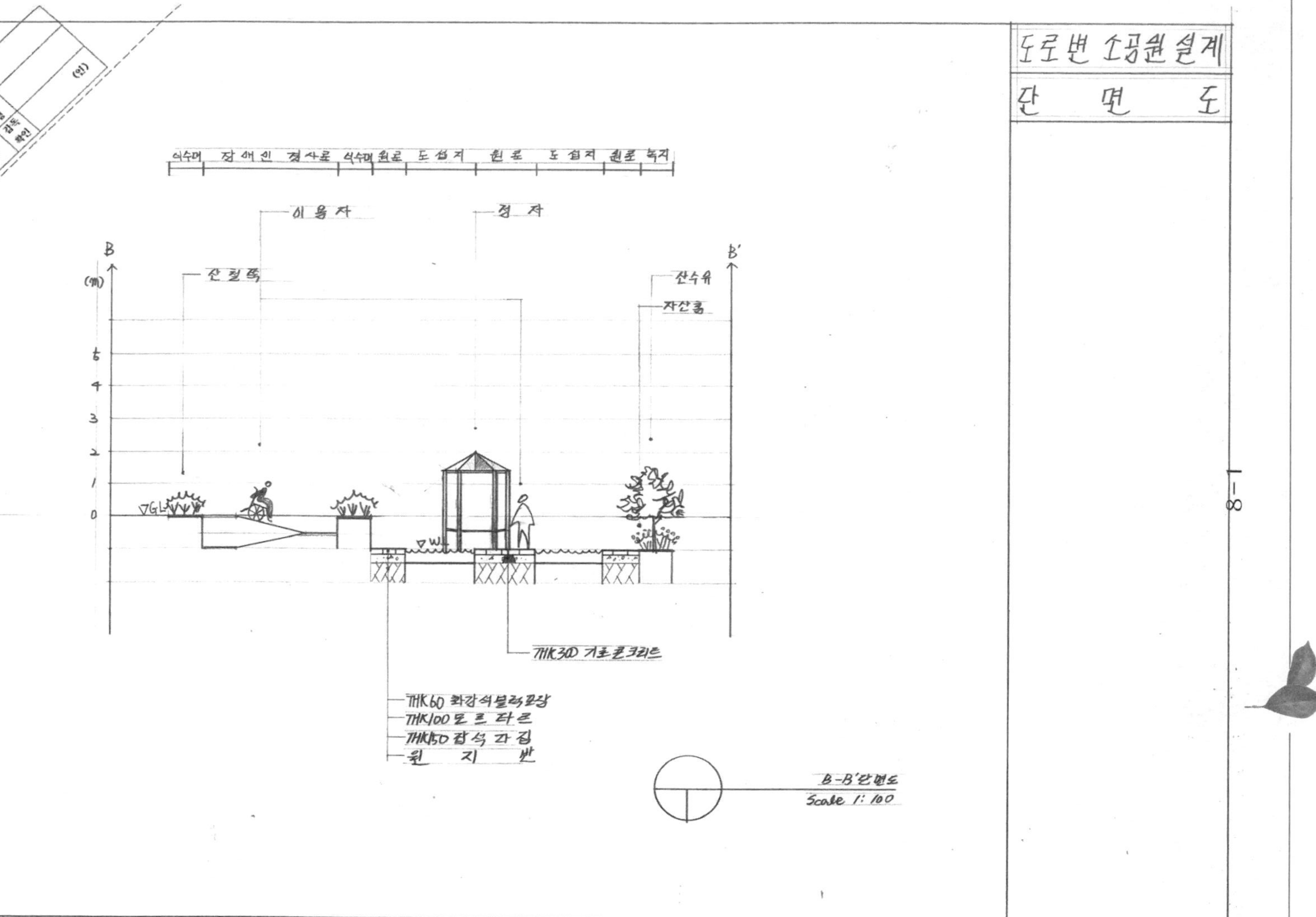
도로변 소공원 설계
단 면 도
8-1
식수대 장애인 경사로 식수대 원로 도섭지 원로 도섭지 원로 녹지
이 용 자
정 자
산철쭉
산수유
자산홍
THK30 기초콘크리트
THK60 화강석블럭포장
THK100 모르타르
THK150 잡석다짐
원 지 반
B-B' 단면도
Scale 1:100

19. 최신기출과제(6)

● "경사가 높은 기념 소공원" 평면도/ 단면도

2015년 5회차 문제로 새로운 유형의 주제와 높은 경사 차이로 기존 도면만 접하던 수험생이 단면도에 어려움을 느꼈을 것으로 보인다. 시간 안배에 주의하자.

학습목표 : 가장 최근 기출문제로, 외우듯이 익혀두자.

설계문제 : 우리나라 중부지역에 위치한 도로변 빈 공간 소공원에 대한 조경설계를 하고자 한다. 주어진 현황도 및 아래 사항을 참조하여 설계조건에 따라 조경계획도 및 단면도를 작성하시오.

1. 현황도

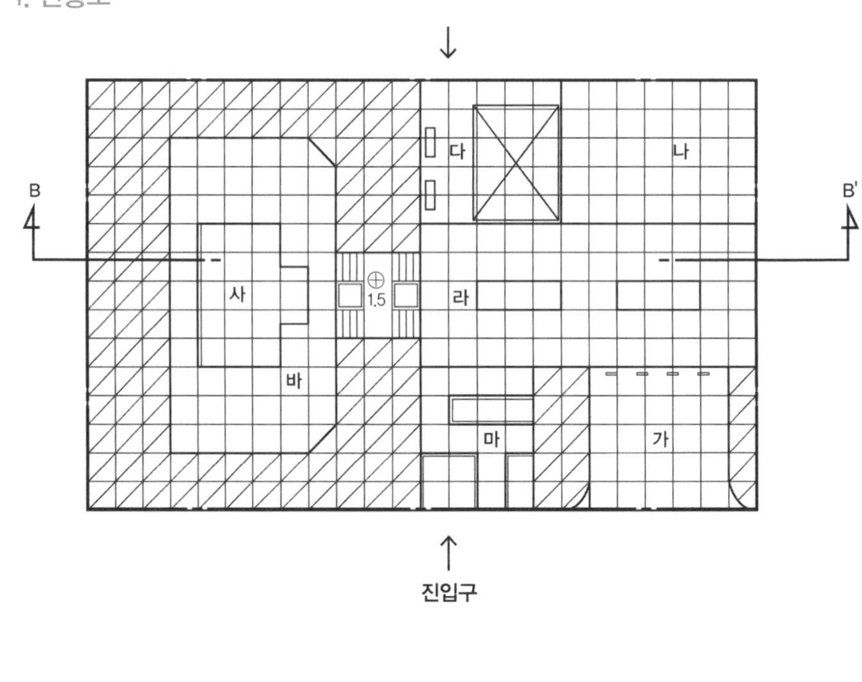

2. 요구사항

1) 식재 평면도를 위주로 한 조경계획도를 축척 1/100로 작성하시오(지급용지 1).
2) 도면 오른쪽 위에 작업명칭을 작성하시오.
3) 도면 오른쪽에는 "주요시설물 수량표와 수목(식재)수량표"를 함께 작성하고, 수량표 아래쪽 여백을 이용하여 "방위표시와 막대축척"을 반드시 그려 놓으시오(단, 전체 대상지의 길이를 고려하여 범례표의 폭을 조정할 수 있다).
4) 도면 전체적인 안정감을 위하여 "테두리선"을 작성하시오.
5) 도로변 소공원 부지내의 B~B′ 단면도를 축척 1/100로 작성하시오(지급용지 2).

3. 설계조건

1) 해당지역은 도로변의 자투리 공간을 이용하여 휴식 및 어린이들이 즐길 수 있는 도로변 기념 소공원으로 공원의 특징을 고려하여 조경계획도를 작성하시오.
2) 포장지역을 제외한 곳에는 모두 식재를 실시하시오(단, 녹지공간은 빗금친 부분, 분위기 고려하여 식재 실시).
3) 포장지역은 "점토벽돌, 화강석블럭포장, 콘크리트, 고무칩, 마사토, 투수콘크리트 등" 적당한 재료를 선택하여 재료의 사용이 적합한 장소에 기호로 표현하고, 포장명칭을 반드시 기입하시오.
4) **"가"지역**은 주차공간으로 (2,300×5,000mm)로 설계하시오.
5) **"나"지역**은 놀이공간으로 그 안에 어린이 놀이 시설물을 3종류를 배치하시오(정글짐, 회전무대, 3연식철봉, 시소).
6) **"다"지역**은 휴게공간으로 파고라(3,000×4,000mm)와 벤치(1,200×500mm) 2개를 설치하여, 보호자의 놀이공간 관찰이 용이하도록 한다.
7) **"라"지역**은 보행공간으로 각각의 공간을 연계할 수 있으며, 2개의 공간에는 "띠녹지"를 조성한다. 적합한 장소를 선택하여 평상형 벤치와 휴지통을 추가로 설치하시오.
8) **"마"지역**은 진입 공간으로 "초화원"으로 계획하시오.
9) **"바"지역**은 기념조각상이 있는 공간으로 주변보다 3m 높게 계획되어 있으며, 진입계단을 통해 주변은 식수대로 처리한다.

띠녹지 작성 요령

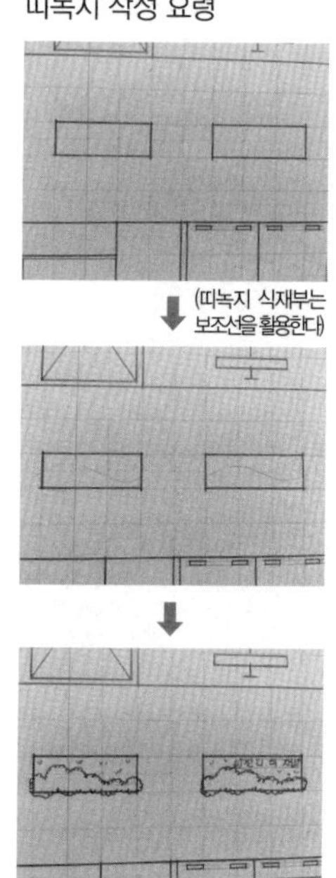

10) **"사"지역**은 주변 "바" 지역에 비해 30cm가 높으며, 적당한 곳에 상징조각물(1,000x1,000mm) 높이 0.8m로 설치하고, 뒷면은 "벽면조경물" 높이 1m로 배경처리 되어 있다.

11) 대상지 내에는 유도식재, 녹음식재, 경관식재, 소나무 군식 등의 식재패턴을 필요한 곳에 배식하고, 수목보호대에는 녹음식재를 실시하고, 필요에 따라 수목보호대를 추가로 설치하여 포장 내에 식재를 하시오.

12) 수목은 아래에 주어진 수종 중에서 종류가 다른 10가지를 반드시 선정하여 골고루 안정적인 배식이 될 수 있도록 계획하며, 인출선을 이용하여 수량, 수종명칭, 규격을 반드시 표기하시오.

소나무(H4.0xW2.0), 소나무(H3.0xW1.5), 소나무(H2.5xW1.2), 스트로브잣나무(H2.5xW1.2), 스트로브잣나무(H2.0xW1.0), 왕벚나무(H4.5xB15), 버즘나무(H3.5xB8), 느티나무(H3.0xR6), 은행나무(H3.5xB8), 대왕참나무(H4.5xR18), 청단풍(H2.5xR8), 중국단풍(H2.5xR5), 살구나무(H2.5xR5), 다정큼나무(H1.0xW0.6), 동백나무(H2.5xR8), 자귀나무(H2.5xR6), 굴거리나무(H1.0xW0.6), 태산목(H1.5xW0.5), 먼나무(H2.5xR5), 산딸나무(H2.0xR5), 산수유(H2.5xR7), 꽃사과(H2.5xR5), 수수꽃다리(H1.5xW0.6), 병꽃나무(H1.0xW0.4), 쥐똥나무(H1.0xW0.3), 명자나무(H0.6xW0.4), 산철쭉(H0.3xW0.4), 회양목(H0.3xW0.4), 자산홍(H0.3xW0.3), 영산홍(H0.3xW0.3), 조릿대(H0.6x7가지), 매화나무 (H2.0xR4), 잔디(0.3x0.3x0.03)

13) B–B′ 단면도는 경사, 포장재료, 경계선 및 기타 시설물의 기초, 주변의 수목, 중요 시설물, 이용자 등을 단면도상에 반드시 표기하고 높이차를 한눈에 볼 수 있도록 설계하시오.

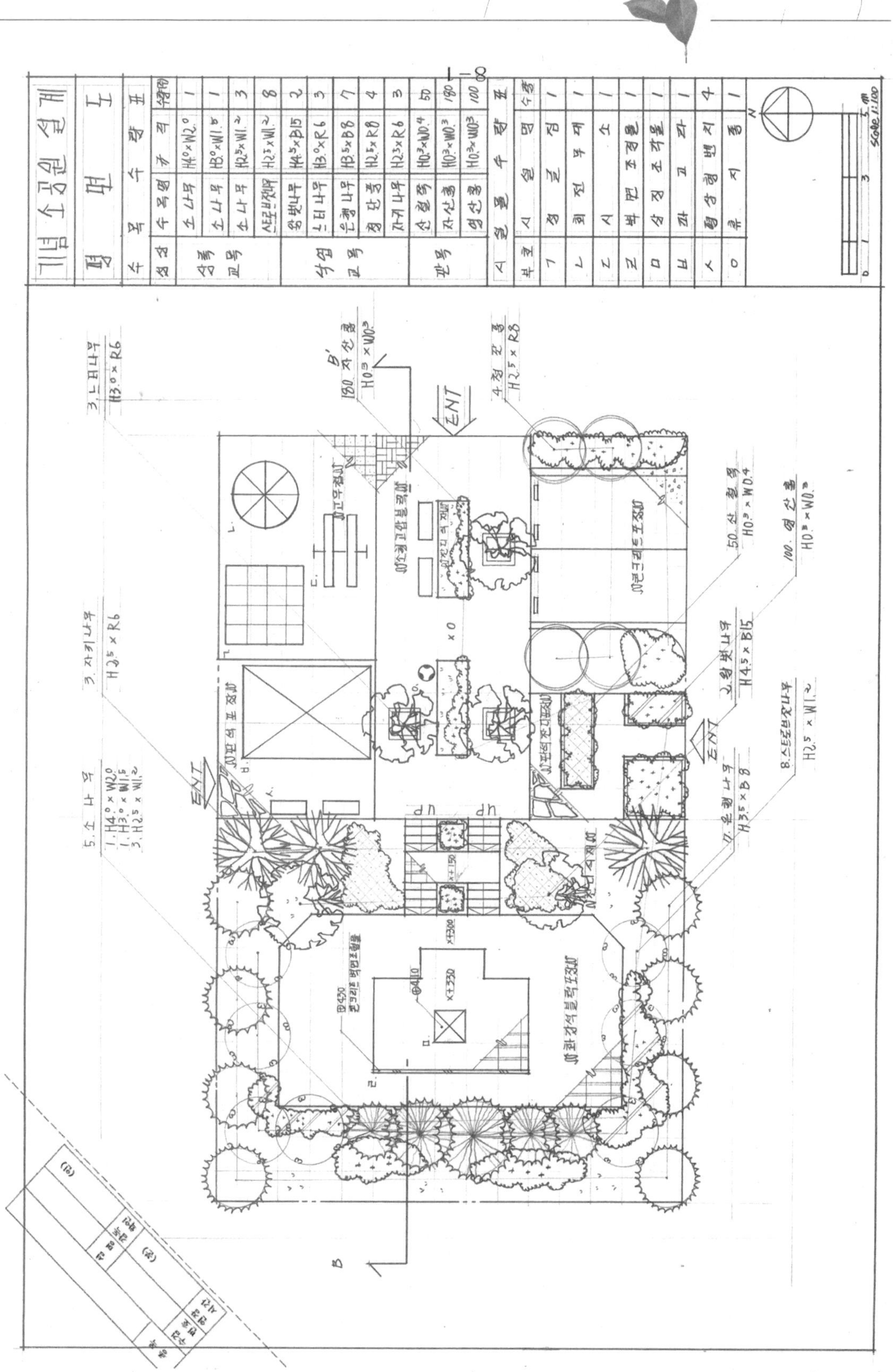

기념 소공원 설계

평면도

수목 수량표

성상	수목명	규격	수량(주)
상록교목	소나무	H4.0×W2.0	1
	소나무	H3.0×W1.5	1
	소나무	H2.5×W1.2	3
	스트로브잣나무	H2.5×W1.2	8
낙엽교목	왕벚나무	H4.5×B15	2
	느티나무	H3.0×R6	3
	은행나무	H3.5×B8	7
	청단풍	H2.5×R8	4
	자귀나무	H2.5×R6	3
관목	산철쭉	H0.3×W0.4	50
	자산홍	H0.3×W0.3	180
	영산홍	H0.3×W0.3	100

시설물 수량표

부호	시설명	수량
ㄱ	정글짐	1
ㄴ	회전무대	1
ㄷ	시소	1
ㄹ	벽면조경물	1
ㅁ	상징조각물	1
ㅂ	파고라	1
ㅅ	평상형벤치	4
ㅇ	휴지통	1

N

SCALE 1:100

5. 소나무 1. H4.0×W2.0 1. H3.0×W1.5 3. H2.5×W1.2

3. 자귀나무 H2.5×R6

3. 느티나무 H3.0×R6

180. 자산홍 H0.3×W0.3

4. 청단풍 H2.5×R8

7. 은행나무 H3.5×B8

2. 왕벚나무 H4.5×B15

50. 산철쭉 H0.3×W0.4

8. 스트로브잣나무 H2.5×W1.2

100. 영산홍 H0.3×W0.3

ENT

판석포장

고무칩

소형고압블럭포장

콘크리트 벽면조형물

화강석블럭포장

잔디식재

판석잔디포장

콘크리트포장

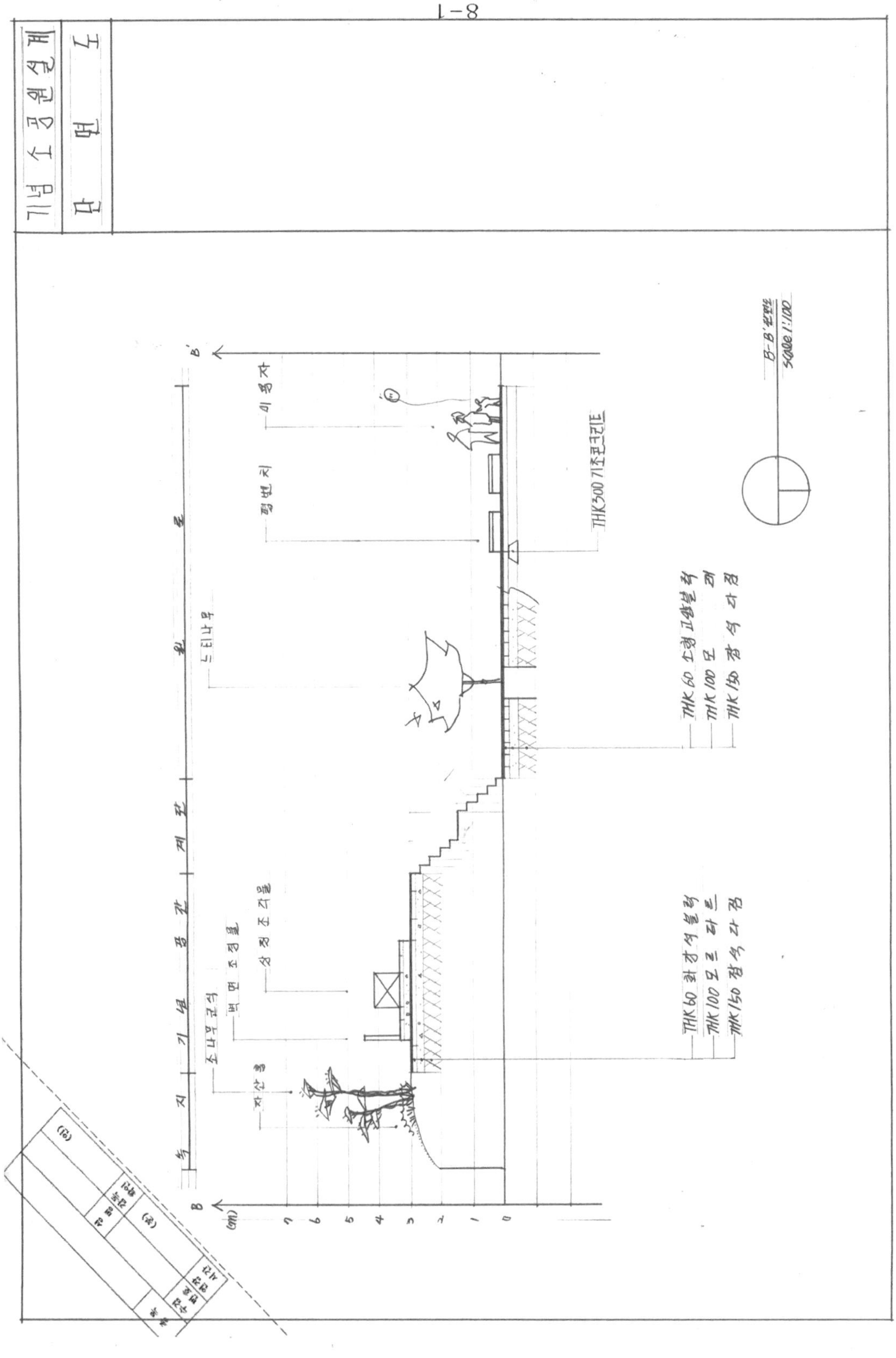

8-1

기념소공원설계
단면도

B-B' 단면도
scale 1:100

(m)
0 1 2 3 4 5 6 7

B B'

녹지 기념공간 계단 휴게원로

자산홍
소나무군식
벽면조경물
상징조각물
느티나무
평벤치
이용자

THK300 기초콘크리트

THK60 소형고압블럭
THK100 모래
THK150 잡석다짐

THK60 화강석블럭
THK100 모르타르
THK150 잡석다짐

20. 최신기출과제(7)

● "바닥 분수가 있는 소공원" 평면도 / 단면도

학습목표 : 가장 최근 기출문제로, 외우듯이 익혀두자.

설계문제 : 우리나라 중부지역에 위치한 도로변의 빈 공간에 대한 조경설계를 하고자 한다. 주어진 현황도 및 아래 사항을 참조하여 설계조건에 따라 조경계획도를 작성한다(단, 2점 쇄선 안 부분을 조경설계 대상지로 한다).

• 2017, 2018, 2019 최근기출문제

1. 현황도

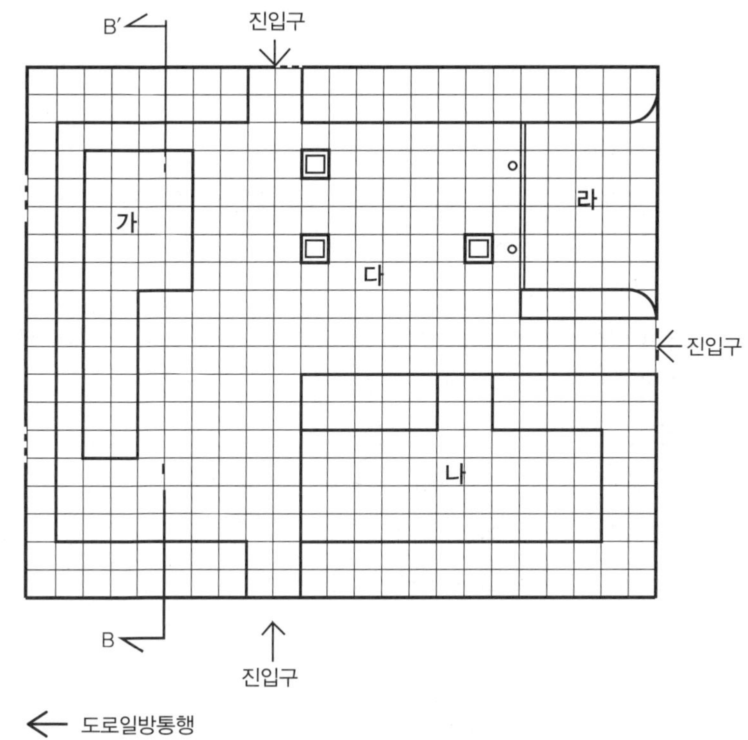

2. 요구사항

1) 식재 평면도를 위주로 한 조경계획도를 축척 1/100로 작성하시오(지급용지 1).
2) 도면 오른쪽 위에 작업명칭 작성하시오.
3) 도면 오른쪽에는 "주요시설물 수량표와 수목(식재)수량표"를 함께 작성하고, 수량표 아래쪽 여백을 이용하여 "방위표시와 막대축척"을 반드시 그려 넣으시오(단, 전체 대상지의 길이를 고려하여 범례표의 폭을 조정할 수 있다).
4) 도면 전체적인 안정감을 위하여 "테두리선"을 작성하시오.
5) 도로변 소공원 부지내의 B~B` 단면도를 축척 1/100로 작성하시오(지급용지 2).
6) 반드시 식재 평면도는 성상, 수목명, 규격, 단위, 수량을 명기하여 작성하시오.

3. 설계조건

1) 해당지역은 도로변의 자투리 공간을 이용하여 휴식 및 어린이들의 놀이 및 운동, 수면의 반영(反影)을 감상할 수 있는 소공원으로, 공원의 특징을 고려하여 조경계획도를 작성하시오.
2) 포장지역을 제외한 곳에는 모두 식재를 실시하시오(단, 녹지공간은 빗금친 부분이며, 경사의 차이가 발생하는 곳은 분위기를 고려하여 식재를 적절하게 실시하시오).
3) 포장지역은 "점토벽돌, 콘크리트, 모래, 자연석 판석, 투수콘크리트 등" 적당한 재료를 선택하여 재료의 사용이 적합한 장소에 기호로 표현하고, 포장명을 반드시 기입하시오.
4) **"가" 지역**은 깊이 50cm의 수반(水盤)으로, 주변 녹지의 수형이 우수한 수목이 사계절 변화 없이 수면에 비치는 경치를 연출할 수 있도록 열식하고, 수반에 접하는 폭 1m의 목재데크를 외부에 설치하여 산책동선을 설계하시오.
5) **"나" 지역**은 놀이 및 운동공간으로 놀이시설 2종과 운동시설 1종을 설치하시오.
6) **"다" 지역**은 원로 및 광장으로 통행에 지장을 주지 않는 곳에 바닥분수(2.0×2.5m) 1개소, 평상형 쉘터(3.5×4.0m) 1개소, 그늘을 제공

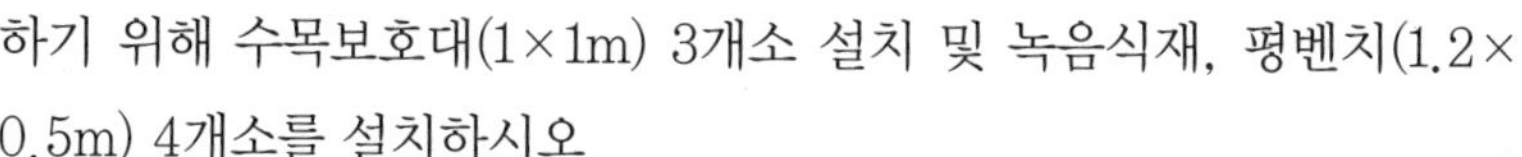

하기 위해 수목보호대(1×1m) 3개소 설치 및 녹음식재, 평벤치(1.2×0.5m) 4개소를 설치하시오.

7) **"라" 지역**은 주차공간으로 소형자동차 두 대를 주차할 수 있는 공간으로 계획하고 설계하며, 대상지내로 차량이 진입하지 못하도록 적절한 조치를 하시오.
8) 대상지내에는 유도식재, 경계식재("나와 다" 지역 사이 1m 이하), 차폐식재("나" 지역 남쪽)의 기능을 고려하여 배식하시오.
9) 대상지내에는 유도식재, 녹음식재, 경관식재, 소나무 군식 등의 식재패턴을 필요한 곳에 배식하고, 필요에 따라 수목보호대를 추가로 설치하여 포장 내에 식재를 하시오.
10) 수목은 아래에 주어진 수종 중에서 종류가 다른 10가지를 반드시 선정하여 골고루 안정적인 배식이 될 수 있도록 계획하며, 인출선을 이용하여 수량, 수종명칭, 규격을 반드시 표기하시오.

> 소나무(H4.0×W2.0), 소나무(H3.0×W1.5), 소나무(H3.5×R10), 스트로브잣나무(H2.5×W1.2), 스트로브잣나무(H2.0×W1.0), 전나무(H3.0×W2.0), 왕벚나무(H4.5×B10), 버즘나무(H3.5×B8), 느티나무(H4.5×R20), 느티나무(H3.0×R6), 다정큼나무(H1.0×W0.6), 동백나무(H2.5×R8), 청단풍(H2.5×R8), 중국단풍(H2.5×R5), 금목서(H2.0×R6), 돈나무(H1.5×W1.0), 굴거리나무(H2.5×W1.0), 자귀나무(H2.5×R6), 태산목(H1.5×W0.5), 먼나무(H2.0×R5), 산딸나무(H2.0×R5), 산수유(H2.5×R7), 꽃사과(H2.5×R5), 수수꽃다리(H2.0×W0.8), 병꽃나무(H1.0×W0.4), 쥐똥나무(H1.0×W0.3), 명자나무(H0.6×W0.4), 산철쭉(H0.3×W0.4), 자산홍(H0.3×W0.3), 영산홍(H0.4×W0.3), 조릿대(H0.6×7가지), 회양목(H0.3×W0.3)

11) B-B' 단면도는 경사, 포장재료, 경계선 및 기타 시설물의 기초, 주변의 수목, 주요 시설물, 이용자 등을 단면도상에 반드시 표기하고 높이차를 한눈에 볼 수 있도록 설계하시오.

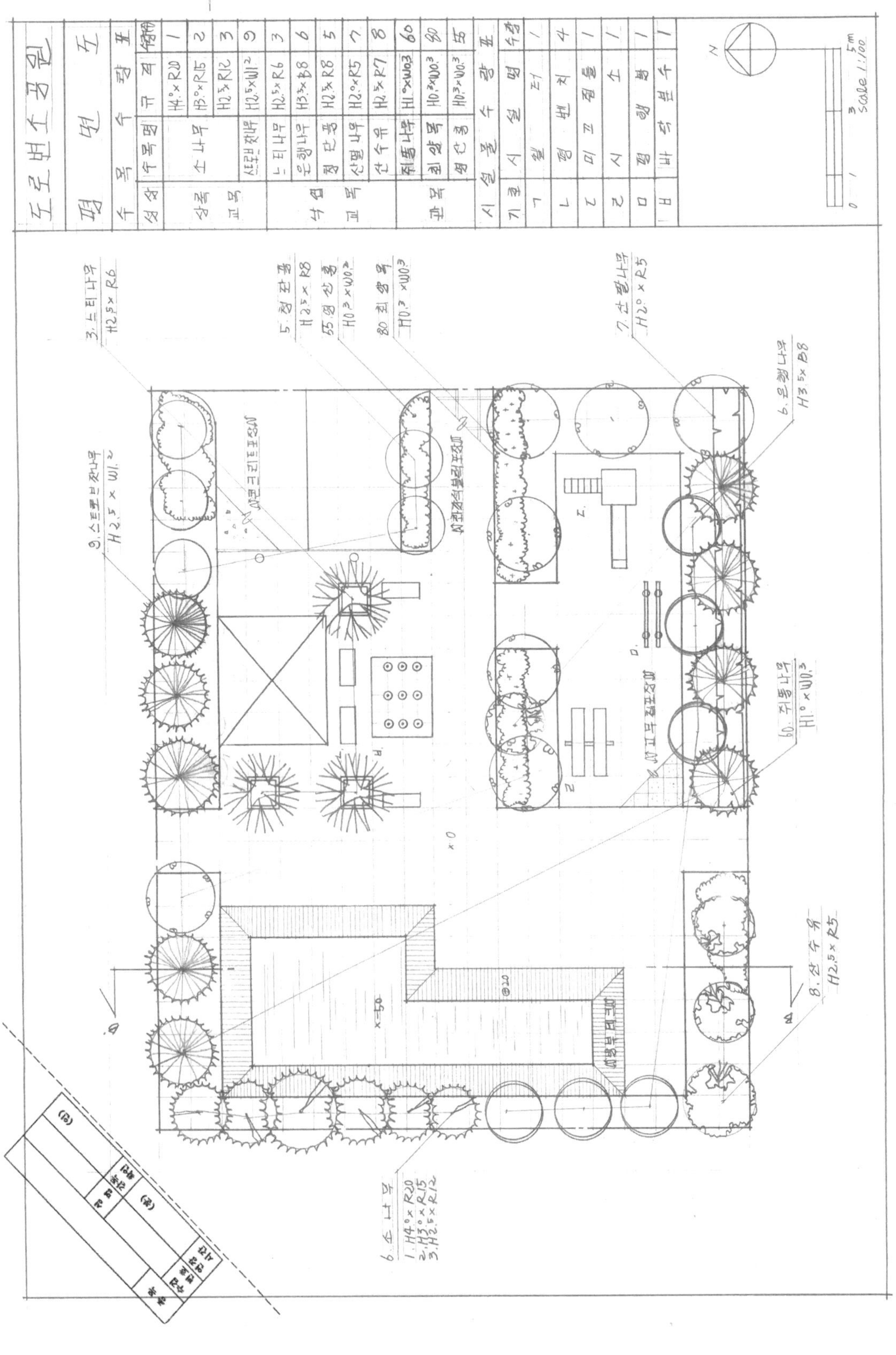

도로변소공원

평면도

수목수량표

성상	수목명	규격	수량
상록교목	소나무	H4.0×R20	1
		H3.0×R15	2
		H2.5×R12	3
	스트로브잣나무	H2.5×W1.2	9
낙엽교목	느티나무	H2.5×R6	3
	은행나무	H3.5×B8	6
	청단풍	H2.5×R8	5
	산딸나무	H2.0×R5	7
	산수유	H2.5×R7	8
관목	쥐똥나무	H1.0×W0.3	60
	회양목	H0.3×W0.3	80
	영산홍	H0.3×W0.3	55

시설물수량표

기호	시설명	수량
ㄱ	쉘터	1
ㄴ	평벤치	4
ㄷ	미끄럼틀	1
ㄹ	시소	1
ㅁ	평행봉	1
ㅂ	바닥분수	1

N

0 1 3 5m
Scale 1:100

9. 스트로브잣나무 H2.5×W1.2
3. 느티나무 H2.5×R6
5. 청단풍 H2.5×R8
55 영산홍 H0.3×W0.3
80 회양목 H0.3×W0.3
7. 산딸나무 H2.0×R5
6. 은행나무 H3.5×B8
60. 쥐똥나무 H1.0×W0.3
8. 산수유 H2.5×R5
6. 소나무 1. H4.0×R20 2. H3.0×R15 3. H2.5×R12

콘크리트포장
화강석블럭포장
고무칩포장
방부목데크

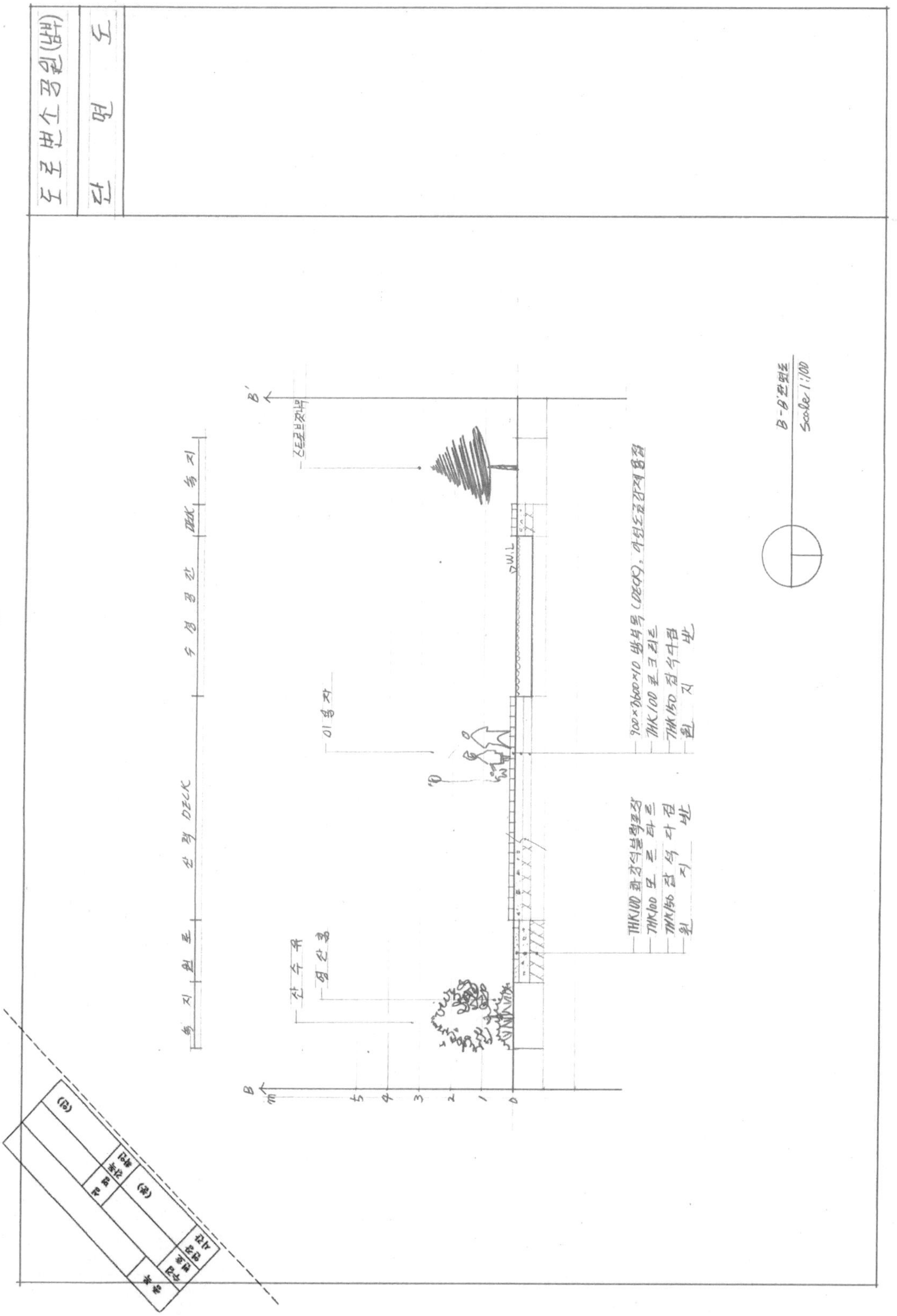

도로변소공원(남부)

단 면 도

녹지 | 원로 | 산책 DECK | 수경공간 | DECK | 녹지

B — B'

m 0 1 2 3 4 5

산수유

영산홍

이용자

스트로브잣나무

W.L

THK100 화강석블럭포장
THK100 모르타르
THK150 잡석다짐
원지반

900×3600×10 방부목(DECK), 아연도금강재 용접
THK100 콘크리트
THK150 잡석다짐
원지반

B-B' 단면도
Scale 1:100

MEMO

Part 6

조경 시공 과제의 소개

01. 조경 시공과제

마지막 작업으로 시험시간은 1시간으로 대략 10여 가지의 작업 중 2가지 작업을 시행한다.

〈실제 시험에 많이 나오는 작업들 : 시공과제의 종류〉

시공종류	공사명	공사면적 및 지급품 (공통지급품 : 삽 1, 짧은 각목, 레이크)	작업방법 및 구두질문
포장과제	판석깔기	1m x 1m 판석 10개 내외(40cm 내외)	
	벽돌깔기 (모로세워깔기)	2m x 1m 조적용 구멍있는 벽돌	
	잔디 뗏장붙이기 (평떼)	2m x 1m 20cm 내외의 잔디 10장 내외	
	줄떼	상동	
	어긋나기	상동	
	실생파종(잔디종자)	1m x 1m	
식재	교목식재(소나무)	2m 이내 스트로브잣나무 (소나무로 가정함)	
	관목식재 (열식)	0.5m 이내 철쭉류	
	관목식재 (생울타리)	1m 이내 광나무	
지주목 세우기	삼발이지주목	1.8m 내외 지주목	
	삼각 지주목박기	각재-긴 것 3개 짧은 것 4개, 못, 망치,벤지, 톱, 녹화자재(끈)	
관리	수간주사 놓기	수간주사(개조) – 주사 2개 충전식 드릴	
시험에 잘 안 나오는 과제	굴취-뿌리분만들기	–	
	생울타리 전정하기	–	

Part 7

최신 조경시공과제 및 시공법 연습

01. 최신 조경시공과제 및 시공법 연습

시공과제 1(20~30분) – 1조가 시공과제 1을 시공 하는 동안 2조는 시공과제 2를 실시한다.

시공과제 2(20~30분) – 시공과제 2가 끝나면 1조와 작업내용을 교체한다.

시공에서 가장 중요한 점은 성실이다. 하루 땀만 열심히 흘리자.
실상 농사를 지어본 사람을 제외하고는 비슷한 수준이다. 이에 변별력은 무의미해 보인다고 할 수 있다. 좋은 점수를 받기 위해서는 아래와 같다.
① 성실히 실기수행에 임할 것
② 수험생으로서 갖추어야 할 작업복장 및 태도
③ 작업현장 반납의 3가지 사항이 오히려 작업점수에 큰 영향을 미칠지도 모른다.

▣ 판석깔기

아래는 시험당일 작업 지침서에 나오는 판석 깔기 내용

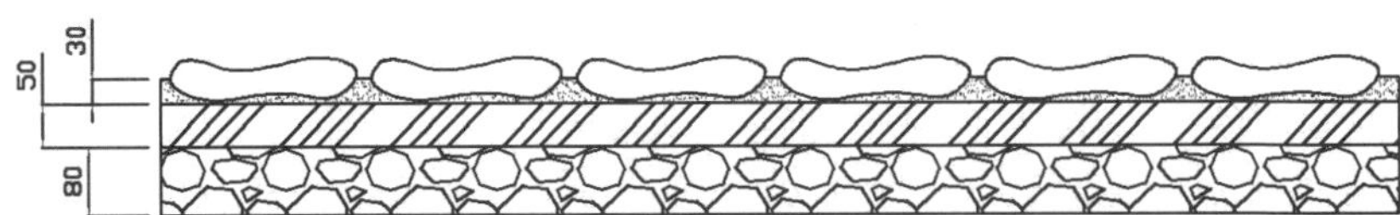

작업방법

1. 모든 포장공사의 시작은 시공해야 할 "작업지시서" 상의 면적을 우선적으로 파악하고, 작업 시공할 바닥에 줄자로 면적을 표시하는 일이다.
2. 땅 깊이는 대략 30cm 정도 이상 반듯하게 직각 터파기를 한다(도구 : 삽).
3. 잡석다짐 – 잡석을 실제 지급하는 경우는 드물다. 파낸 흙을 잡석이라 가정하고 되메운다.
4. 모르타르 – 모르타르를 실제 지급하는 경우는 없으므로 파낸 흙을 모르타르라고 가정하고 되메운다. 이때 판석깔기의 두께를 생각해서 되메우는 양을 고려해야 한다.
5. 판석을 깔기 전 레이크를 이용하여 바닥을 평평하게 잘 골라 낸다(도구 : 레이크).
6. 지급된 각목을 이용하여 판석의 모양에 따라 바닥을 호미처럼 이용하여 깔기 한다. 각목은 고무망치용처럼 두드려 사용한다.
7. 판석은 주방향(감독관쪽)에서부터 깔기 시작하며, 그림과 같이 판석은 Y자 형태가 잘 나와야 한다. 판석의 줄눈간격은 지침서대로 1~2cm 내외로 실시하면 된다.
   – 흙은 깔끔히 잘 채워 나가되, 장비는 받은 대로 잘 정리해서 대기하면 검사를 실시한다.

"포장시공" 작업간 열성적인 분은 "실치기"를 한다.
– 시간 안배상 권하진 않음

대부분의 실습장 땅은 억세며, 단단하다. 시간이 촉박한 경우 간단히 20cm 내외로 판다.

되메우는 양은 2차로 되메우는 모르타르 양을 생각해서 되메우면 된다.

감독관이 검사를 위해 올라가서 뛰는 경우가 있는데, 무조건 무너지므로 당황할 필요는 없다.

구두형 질문유형

1. 판석깔기 밑에는 무엇을 깔았는가?
   답변 : 모르타르, 잡석다짐이 깔렸습니다.
2. 판석깔기의 줄눈 모양은?
   답변 : Y자형태
3. 구배는 주었는가?
   답변 : 네(실제로 구배를 고려해서 깔지 않아도 된다).
   – 이쪽으로 (손으로 방향을 지시하면서) 3~5% 구배를 주었습니다.

검사가 종료되면, 제일 중요한 일은? 장비정리와 현장원상복구이다.

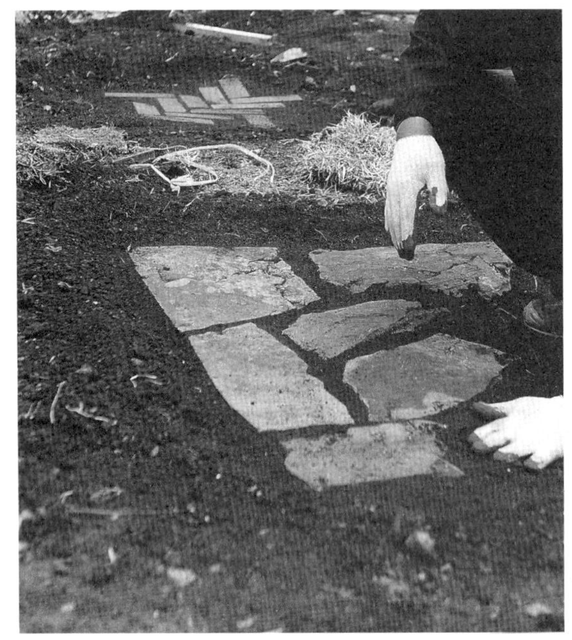

▣ 벽돌 깔기 (모로세워깔기)

아래는 시험당일 작업 지침서에 나오는 판석 깔기 내용

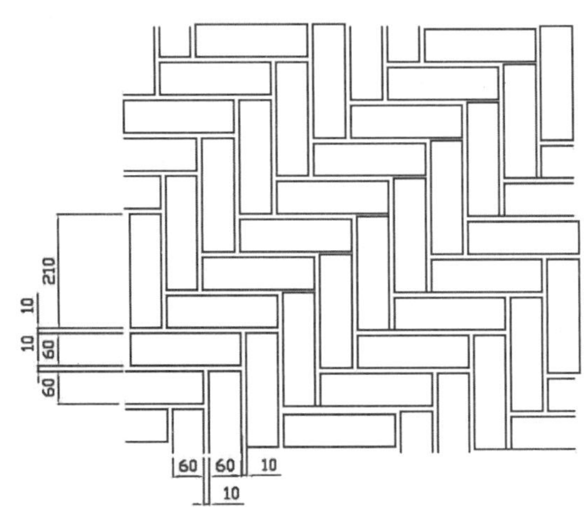

작업방법

1. 모든 포장공사의 시작은 시공해야 할 "작업지시서" 상의 면적을 우선적으로 파악하고, 작업 시공할 바닥에 줄자로 면적을 표시하는 일이다.
2. 땅깊이는 대략 20cm 정도 이상 반듯하게 직각 터파기를 한다(도구 : 삽).
3. 잡석다짐 – 잡석을 실제 지급하는 경우는 드물다. 파낸 흙을 잡석이라 가정하고 되메운다.

4. 모래깔기 – 파낸 흙을 모래라고 가정하고 되메운다. 이때 벽돌의 두께를 생각해서 모래깔기의 양을 고려해야 한다.
5. 벽돌을 깔기 전 레이크와 지급된 각목을 이용하여 평평하게 잘 골라 낸다(도구 : 레이크/각목).
6. 지급된 각목을 이용하여 고무망치같이 두드려 사용한다.
7. 벽돌은 주방향(감독관쪽)에서부터 깔기 시작하며, 그림과 같이 모서리부터 대각선을 향해 ㄱ자(ㄴ자) 형태로 깔고 나오다가 4번째 ㄱ자 놓을 때부터 한 개씩 더 놓는다. 빨간색 표시부분만 따로 더 쌓아가시면 완성된다.
8. 마감고는 지반보다 살짝 높게 하며, 벽돌의 바깥부를 튼튼하게 하기 위해 흙을 많이 붙힌다.

   줄눈 사이에 모래가 골고루 들어가게 하며, 모래가 모자랄 시 지급을 요청한다.

"포장시공"작업간 열성적인 분은 "실치기"를 한다. → 시간 안배상 권하진 않음

대부분의 실습장 땅은 억세며, 단단하다. 시간이 촉박한 경우 간단히 10cm 내외로 판다.

되메우는 양은 2차로 되메우는 모래량을 생각해서 되메우면 된다.

〈7번참조사진〉

줄눈은 1cm이나, 시공의 편의성과 보기 좋게 하기 위해 0.7cm를 권장한다.

감독관이 검사를 위해 올라가서 뛰는 경우가 있는데, 무조건 무너지므로 당황할 필요는 없다.

구두형질문유형

1. 벽돌깔기 밑에는 무엇을 깔았는가?
   답변 : 모래, 잡석다짐이 깔렸습니다.

2. 줄눈 간격은?
   답변 : 1cm

3. 구배는 주었는가?
   답변 : 네 (실제로 구배를 고려해서 깔지 않아도 된다).
   – 이쪽으로 (손으로 방향을 지시하면서) 3~5% 구배를 주었습니다.

검사가 종료되면, 제일 중요한 일은? 장비정리와 현장원상복구이다.

▣ 잔디 뗏장 깔기

아래는 시험당일 작업 지침서에 나오는 내용

작업 지시서 내용

가. 주어진 재료로 잔디붙이기를 하시오(제한시간 20분). ㅇ 면적 : 가로 250cm x 세로 160cm ㅇ 시공방법은 어긋나게 붙이기로 한다. ㅇ 완성하여 시험위원 점검을 받은 후 해체하여 원위치시킨다.

작업방법

1. 모든 포장공사의 시작은 시공해야 할 "작업지시서" 상의 면적을 우선적으로 파악하고, 작업 시공할 바닥에 줄자로 면적을 표시하는 일이다.
2. 땅깊이는 대략 20cm 정도 이상 반듯하게 직각 터파기를 한다(도구 : 삽).
3. 잡석다짐 – 잡석을 실제 지급하는 경우 드물다. 파낸 흙을 잡석이라 가정하고 되메운다.
4. 마사토 및 식생토 깔기 – 파낸 흙을 미사토라고 가정하고 되메운다. 이 때 잔디의 두께를 생각해서 흙깔기 양을 고려해야 한다.
5. 뗏장(잔디) 깔기 전 레이크와 지급된 각목을 이용하여 평평하게 잘 골라낸다(도구 : 레이크/각목).
6. 지급된 각목을 이용하여 호미와 같은 용도로 식재 시 사용한다.

"포장시공" 실치기는 시간안배상 권하지 않음

대부분의 실습장 땅은 억세며, 단단하다. 시간이 촉박한 경우 간단히 10cm 내외로 판다.

되메우는 양은 2차로 되메우는 모르타르 양을 생각해서 되메우면 된다.

7. 잔디깔기는 주방향(감독관쪽)에서부터 깔기 시작하며, [사진 1]과 같이 평떼(1m당 1m 폭에 4장 정도 깔면 딱 맞는다)를 깐다. 가로 2.5m를 깐다고 지침상 나와 있다면 10장 정도 깔아야 한다.
두 번째 줄부터는 막힌 줄눈 형태로 어긋나게 붙여 깔며, 양쪽은 반 장씩 잘라서(삽으로 눌러 자르면 잘 된다) 깐다.

막힌 줄눈이란?

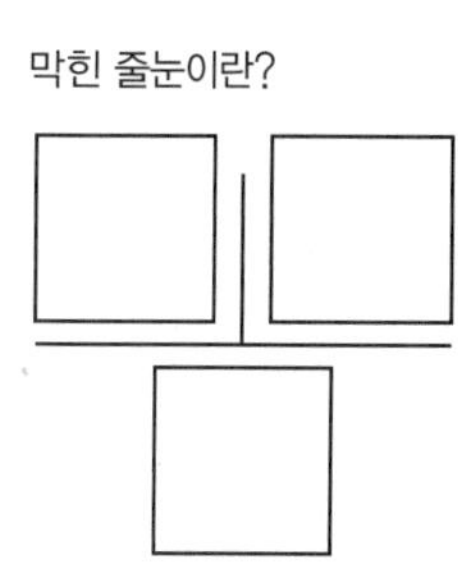

[사진 1]

8. 작업지시서의 줄떼 시공 시 – 방법은 위와 같으며, 뗏장의 줄 띄우기 폭을 [사진 2]와 같이 시공하면 된다. 즉, 평떼시공과 같으나 줄만 더 띄우면 되는 게 줄떼이다.

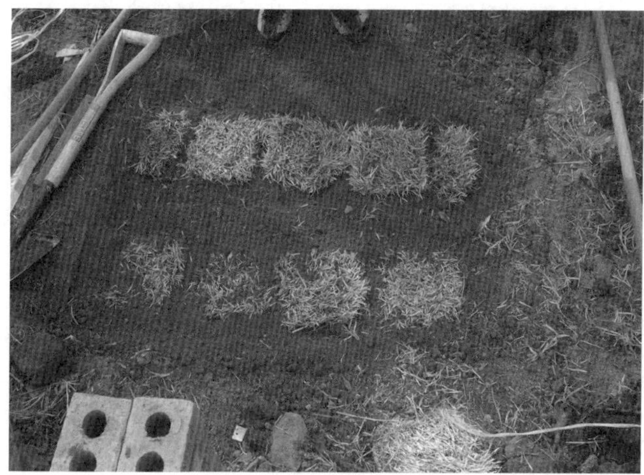

[사진 2]

9. 어긋나게 붙이기는 [사진 3]과 같이 1m당 폭에 3장씩 깔고, 두 번째는 2장, 세 번째 줄에서 3장을 붙이시면 된다.

[사진 3]

10. 뗏장을 놓았으면 마감고는 지반보다 살짝 높게 하며, 삽날을 짧게 잡고 흙을 골고루 흩뿌려 덮어 준다(줄눈사이에 모래가 골고루 들어가게 하며, 모래가 모자랄 시 추가 지급을 요청한다).
11. 마지막으로 발로 살짝 밟아 준 뒤 손으로 보기 좋게 정리해 준다.

구두형질문유형

1. 뗏장 시공 시 마지막 작업은 무엇을 했는가? 물의 양은?
   답변 : 충분한 관수를 하였습니다. 관수량은 (1㎡당 8리터 정도) 충분히 줬습니다.
2. 구배는 주었는가?
   답변 : 네 (실제로 구배를 고려해서 깔지 않아도 된다).
   – 이쪽으로 (손으로 방향을 지시하면서) 3~5% 구배를 주었다.

검사가 종료되면, 제일 중요한 일은? 장비정리와 현장원상복구이다.

▣ 실생 파종 : 종자로 잔디파종하기

아래는 시험당일 작업 지침서에 나오는 내용

작업지시서 내용

가. 주어진 종자로 잔디파종을 하시오(제한시간 20분).
- ○ 크기는 2m x 2m로 한다.
- ○ 잔디종자는 서양잔디인 벤트그라스로 가정한다.
- ○ 완성하여 시험위원의 점검을 받은 후 해체하여 원위치시킨다.

작업방법

1. 모든 포장공사의 시작은 시공해야 할 "작업지시서" 상의 면적을 우선적으로 파악하고, 작업 시공할 바닥에 줄자로 면적을 표시하는 일이다.
2. 땅깊이는 대략 20cm 정도이상 반듯하게 직각 터파기를 한다(도구 : 삽). 파종상을 만들어야 하므로 흙을 파내지는 않는다.
3. 잔디 파종전 레이크와 지급된 각목을 이용하여 평평하게 잘 골라낸다(도구 : 레이크/각목).
   지면보다 살짝 높은 파종상이 되었다.
4. 잔디 파종은 미세 종자이기 때문에 지급된 바가지에 종자 1 : 모래 20 배를 넣고 섞어준다.
   지급되지는 않지만, 천연색소를 넣고 미세종자 흩어뿌림을 실시한다.
5. 가로로 한번 서서 골고루 한번 뿌리고 세로로 서서 골고루 뿌린다.
6. 뿌리고 난 뒤에는 레이크로 보기 좋게 무늬를 내준다.
   마무리는 손으로 보기 좋게 정리해 준다.

혹, 열성적인 분은 실치기를 한다. → 시간 안배상 권하진 않는다.

대부분의 실습장 땅은 억세며, 단단하다. 시간이 촉박한 경우 간단히 10cm 내외로 판다.

실제로 가장 쉬운 작업이므로 시간이 많이 남는다.

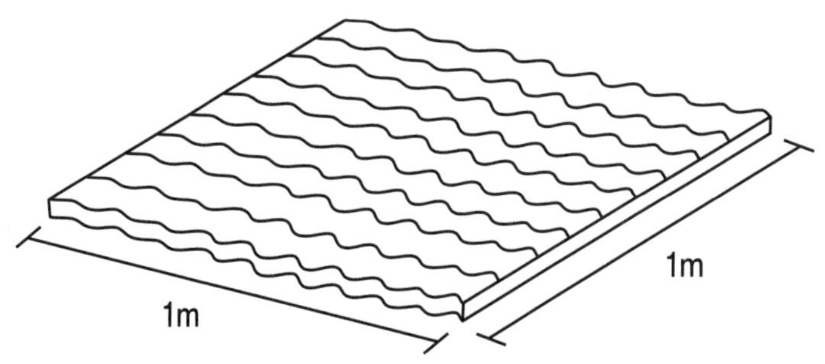

[그림]의 소쿠리에 종자 1 : 모래 20의 배합비율로 섞는다.

구두형질문유형

1. 파종 후 마지막 작업은 무엇을 했는가? 물의 양은?
   답변 : 충분한 관수를 하였습니다. 미세종자라서 안개식 관수 혹은 저면 관수합니다.
   관수량은 (1㎡당 8리터 정도) 충분히 줬습니다.

2. 구배는 주었는가?
   답변 : 네 (실제로 구배를 고려해서 깔지 않아도 된다).
   – 이쪽으로 (손으로 방향을 지시하면서) 3~5% 구배를 주었습니다.

3. 복토는 했는가?
   – 미세종자기 때문에 복토는 하지 않고, 레이크로 긁어주거나 롤러로 전압만 합니다.

검사가 종료되면, 제일 중요한 일은? 장비정리와 현장 원상복구이다.

▣ 수목식재하기

아래는 시험당일 작업 지침서에 나오는 내용

작업지시서 내용

가. 주어진 재료로 수목식재 및 수목보호를 실시한다(제한시간 20분).
- ○ 심는 방법은 죽쑤기로 한다.
- ○ 지주목 설치는 하지 않는다.
- ○ 조경시공현장에서 실제 식재하는 것으로 가정한다.
- ○ 지급된 잣나무를 소나무로 가정하여 진흙 바르기를 실시한다.

작업방법

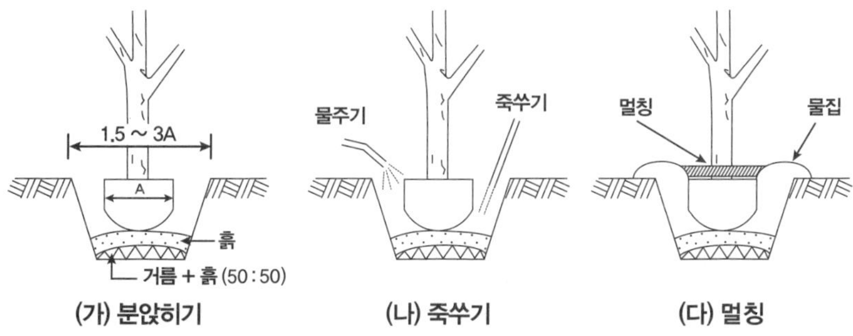

(가) 분앉히기 (나) 죽쑤기 (다) 멀칭

1. 뿌리분의 크기를 땅에 대고 표시한다(1.5 ~3배 크기로 땅에 표시).
2. 표면에 잡물이나 낙엽, 자갈 등을 버린다.
3. 표토는 땅을 팔 때 주변에 따로 모아둔다.
4. 땅을 파는 깊이는 뿌리분이 원래 덮혀질 수 있는 깊이 이상 판다.
5. 모아둔 표토와 지급된 부엽토를 50 : 50으로 섞어서 구덩이에 봉긋하게 넣는다.
6. 봉긋한 표토+부엽토 위에 뿌리분을 앉힌 후 → 수목의 방향을 정한다.
7. 구덩이의 1/3을 주변 파낸 흙으로 덮은 후 → 물 + 막대기를 이용해서 (1차 죽쑤기) 실시한다.

8. 파낸 흙으로 2/3를 마저 덮은 후 → 물+막대기를 이용해서 (2차죽쑤기) 실시
9. 땅을 다져준 후 지급된 막대기 3개로 지주목을 설치한다. → 지주목 시공법 참조
   - 수간을 보호하도록 수피에 지급된 쥬트테이프(혹은 녹화테이프/끈/새끼줄)를 이용해 보호한다.
   - 이때 지주목은 지주목 시험과 다르게 튼튼하게 묶이도록 땅에 30센티 깊이로 묻고 실시한다.
10. 물집을 크고 튼튼하게 흙을 쌓아서 만든다.
11. 수간을 지급된 새끼나 끈으로 땅 밑에서부터 감고 진흙(주변 마른흙)으로 발라준다.
   - 작업을 마치고 대기하고 있으면 "평가 후 해체"
   - 지급된 대로 깔끔히 정리해 주는 것이 좋다.

〈11번 내용〉

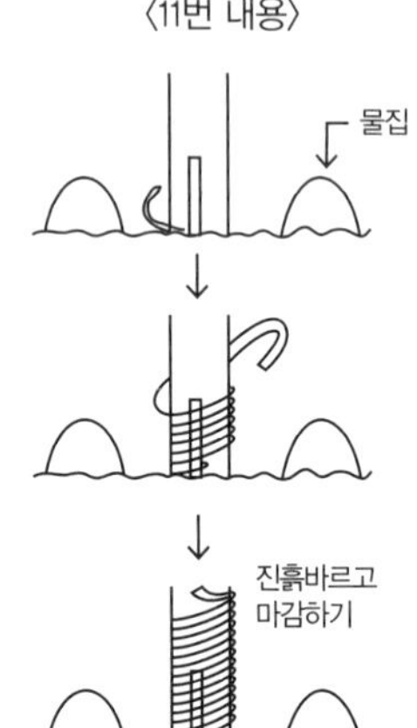

1. 식재 후 마지막 작업은 무엇을 했는가? 이유는?
   답변 : 전정 혹은 가지를 솎아 주었습니다. 증산 억제를 위해 실시했습니다.
2. T/R 율에 대해 설명해 보시오.
   답변 : 지하부의 체적 "/(분에)" 지상부의 체적으로, 이식한 직후는 T/R 율 값이 크므로 T/R율 값을 맞춰주고, 증산억제를 하기 위해 지상부를 솎아 주어야 합니다.
3. 관수는 했는가?
   - 네. 물집을 크게 만들고 충분히 관수했습니다. 관수량은 (1㎡당 8리터 정도) 충분히 줬습니다.
4. 수피 감기는 왜 하는가?
   - 소나무의 경우 소나무 좀 방지 / 수분증산 억제 / 동해 방지 / 병해충방지의 이유
5. 나무 심는 방향은?
   - 원래 심겨진 방향을 우선합니다.
6. 물로 죽쑤기는 했는가? 하는 이유는?
   - 소나무라서 물은 쓰지 않고 흙쬐임(건죽쑤기)를 했으며, 죽쑤기는 2차

에 걸쳐 실시했습니다. 죽쑤기는 뿌리 활착이 잘 되도록 공극을 없애기 위해 실시합니다.

검사가 종료되면, 제일 중요한 일은? 장비정리와 현장원상복구이다.

▣ 수목관목(열식) 식재하기 및 생울타리 식재방법

아래는 시험당일 작업 지침서에 나오는 열식의 내용

작업지시서 내용

가. 주어진 재료로 그림과 같은 기능을 위한 수목식재(열식)를 하시오(제한시간 30분).

- ○ 차폐를 위한 목적으로 식재한다.
- ○ 열식의 길이는 3m 정도로 한다.
- ○ 전정은 하지 말고, 전정부위와 방법을 시험위원에게 말한다.
- ○ 완성하여 시험위원 점검을 받은 후 해체하여 원위치 시킨다.

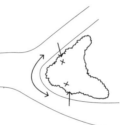

– 지침 내용의 파악 : 갈라지는 길에 있는 관목식재
화단을 밟지 않도록 밀식하는 것을 뜻함
화살표 X 두 곳의 단면 부분을 열식하는 것이 본 과제의 목표임

작업방법

1. 식재 방식은 위의 교목식재와 상동한다.
2. 단지 구덩이를 팔 때 길이로 파는 것이 중요하다.
3. 줄기초로 길게 파여진 구덩이에 뿌리분이 있는 관목을 30cm 간격으로 놓는다.
4. 삽은 짧게 잡아 흙을 담으면서, 관목을 하나씩 세우면서 심어 나간다.
5. 열식의 경우에는 한 줄로 심으면 되고, 생울타리 식재를 하라는 경우에는 광나무가 지급되는 경우가 많고 교호식재식으로 30cm 간격으로 삼각 식재로 나가면 된다.

관목 열식
(약 30cm 거리로 식재)

관목 생울타리
(약 30cm 거리로 식재)

6. 나머지 작업은 교목식재작업과 동일하다.

구두형질문유형

1. 식재 후 마지막 작업은 무엇을 했는가? 이유는?
   답변 : 전정 혹은 가지를 솎아 주었습니다. 증산 억제를 위해 실시했습니다.

2. 관목의 전정방법을 설명하시오.
   답변 : 생울타리의 경우 위는 강하게 밑은 약하게 전정하여 수광태세를 좋게 하고, 일반적 화단의 경우 중앙이 봉긋하게 보기 좋게 전정합니다.

3. 관수는 했는가?
   - 네. 물집을 크게 만들고 충분히 관수했습니다. 관수량은 (1m²당 8리터 정도) 충분히 줬습니다.

4. 수피는 감기는 왜하는가?
   - 소나무의 경우 소나무 좀 방지 → 수분증산 억제 → 동해 방지 → 병충해방지를 위해서 입니다.

5. 죽쑤기는 했는가? 하는 이유는?
   - 죽쑤기는 2차에 걸쳐 실시했으며, 뿌리 활착이 잘 되도록 공극을 없앱니다.

검사가 종료되면, 제일 중요한 일은? 장비정리와 현장원상복구이다.

▣ 지주목설치하기 - 삼발이 형/ 삼각지주목 시공

아래는 시험당일 작업 지침서에 나오는 내용

작업지시서 내용

> 주어진 수목을 활용하여 지주목을 설치한다(제한시간 30분).
> ○ 지주목의 형태는 삼발이형 지주 설치방법으로 설치하시오(삼각지주 내용 동일함).
> ○ 결속부위는 새끼를 사용한다.
> ○ 완성하여 시험위원의 점검을 받은 후 해체하여 원위치시킨다.
> (단, 해체하여 정리 정돈한 것까지 제한시간에 포함된다.)
> ○ 수목은 시험위원이 지정하여 준다.

작업방법 : 삼발이지주목법

1. 지급되는 재료는 180cm 정도의 지주목 3개가 지급된다.
   (때에 따라 원형 혹은 각재로 지급되는 경우도 있다.)
2. 삼발이형 지주목 3개를 120도씩 세 곳에 표시하고 구덩이를 30cm 이상 판다(도구 : 삽).

지주목 위치잡기

구덩이 파기

지주목 감기

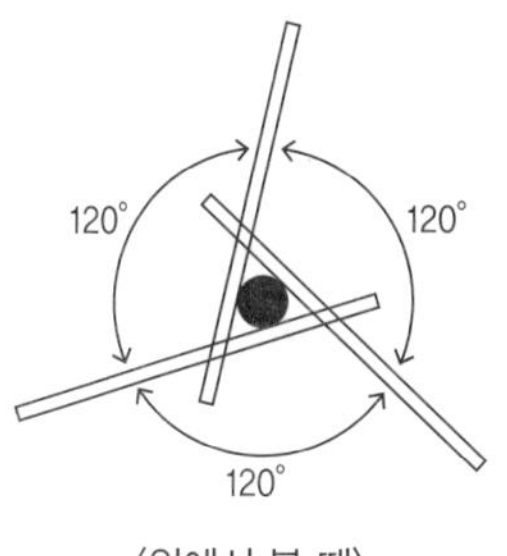

〈위에서 볼 때〉

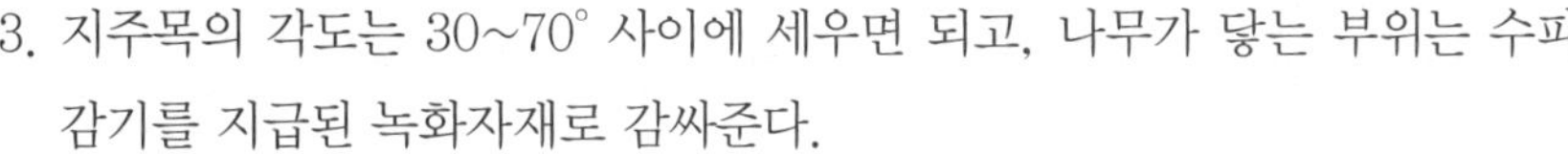

3. 지주목의 각도는 30~70° 사이에 세우면 되고, 나무가 닿는 부위는 수피 감기를 지급된 녹화자재로 감싸준다.

4. 지주목 하나에 끈(A)을 여유있게 묶고(20cm 정도 늘어진 끈은 지주목 마지막 끈과 함께 묶어 마감하는 역할을 한다) 지주목을 3개의 구덩이(30cm 이상 깊이로 파놓은 구덩이)에 한 개씩 넣고 튼튼히 묶는다.

여유있게 묶은 끈의 모습 A부분과 마지막 끈을 묶어서 마감한다.

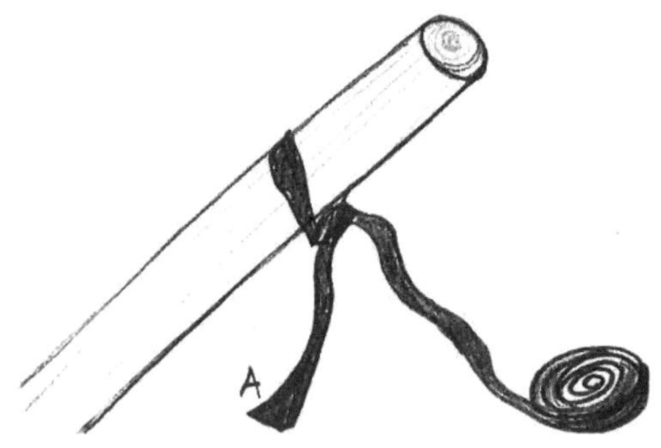

5. 이제 지주목을 한쪽방향으로 그림처럼 비틀어 돌려 두 손으로 감싸 안듯이 잡는다.
   - 지주목 묶기 : 지주목 한 곳에 묶인 끈으로 세 개의 지주목을 동시에 감는다(이때 너무 힘을 주어 감으면 지주목을 놓치게 되니, 단단하게 묶겠다는 욕심은 버리고 두 번 정도 슬슬 감고 그 뒤 힘껏 감는 요령이 필요하다).
   - 두세 번 감겨진 지주목 사이사이로 끈을 넣어가며 팽팽히 감는다(이렇게 결속하면 어느 방향이든 x자 형태로 끈 모양이 보여지도록 감게 된다).

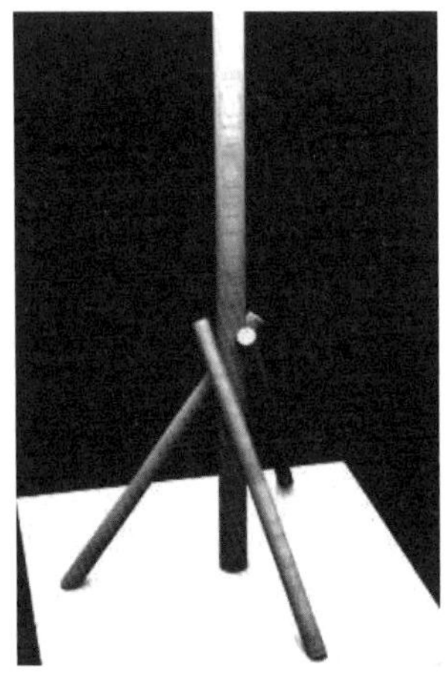

방법과 진리는 없다!! 마지막에 흔들어 봤을 때 튼튼하고 깔끔한 것이 좋은 시공법이다.

6. 처음(4번 작업) 여유있게 남은 끈(A)과 마지막 끈을 묶어서 결속한다(조금이라도 남은 끈은 안쪽으로 깔끔히 집어 넣어 마감한다).

구두형질문유형

1. 지주목의 작업 과정을 설명하라.
   - 상동
2. 지주목을 세우는 각은?
   - 30~70도
3. 지주목의 방향은?
   - 위에서 볼 때 120도씩 시공한다.
4. 지주목을 시공할 때 구덩이 깊이는?
   - 30cm 이상 깊이로 판다.
5. 지주목 시공 시 땅속부 목재 방부 처리 방법은?
   - 태워서 넣는 탄화처리법, 페인트 도장법, 방부목 사용 등

작업방법 : 삼각 지주목

1. 지급되는 재료는 150cm 정도의 각재 3개, 40cm 정도의 각재 4개가 지급된다(때에 따라 원형 혹은 각재로 지급되는 경우도 있다.).
2. 구덩이를 30cm 이상 판다(도구 : 삽).

사실상 각재에 각도커팅이 안 되어 있는 경우에는 시공하기 까다롭다. ⇒ 조건에 맞는 시공 대처력이 필요하다.

방법과 진리는 없다!! 마지막에 흔들어 봤을 때 튼튼하고 깔끔한 것이 좋은 시공법

3. 긴 각재 3개는 기둥으로 세우면 되고, 나무가 닿는 부위는 수피감기를 지급된 녹화자재로 감싸준다. 짧은 각재는 양끝이 모따기가 안 되어 있는 경우가 많다.
4. 그림과 같이 결합하여 못을 치도록 한다(못의 위치 확인).
5. 마지막으로 녹화끈으로 나무와 지주목을 잘 연결하면 끝이다.

구두형질문유형

1. 수간에 보호 처리는 했는가?
   답변 : 네, 녹화자재를 통해 수피가 상하는 것을 방지했습니다.
2. 지주목의 설치 이유?
   답변 : 뿌리분으로 인해 뿌리가 흔들리는 것을 방지하여, 뿌리활착을 돕는다.
3. 통행이 많은 곳에 설치해도 좋은 지주목은?
   답변 : 삼각 혹은 사각지주(삼발이는 통행이 없는 곳에 가능)

▣ 수간주사놓기

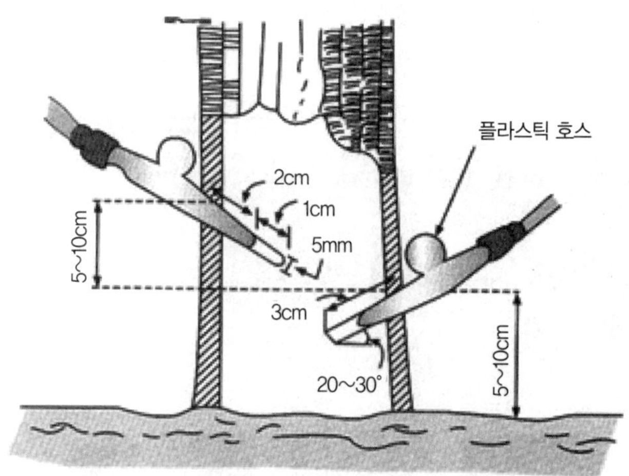

〈링거병을 이용한 수간 주입 방법〉

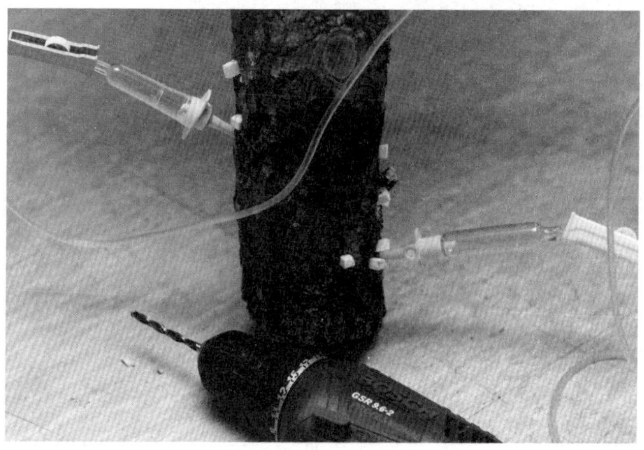

전동충전 드릴을 이용하여 시계방향으로 돌아가는지 확인하고, 작업용으로 죽은 나무를 묶어 둔다. 그 나무에 시공한다.

작업방법

1. 나무의 밑에서 5~10cm 부위에 지름 5mm, 깊이 3~4cm의 구멍을 20~30도의 각도로 비스듬히 뚫고 주입구멍 안 톱밥 부스러기를 제거한다.

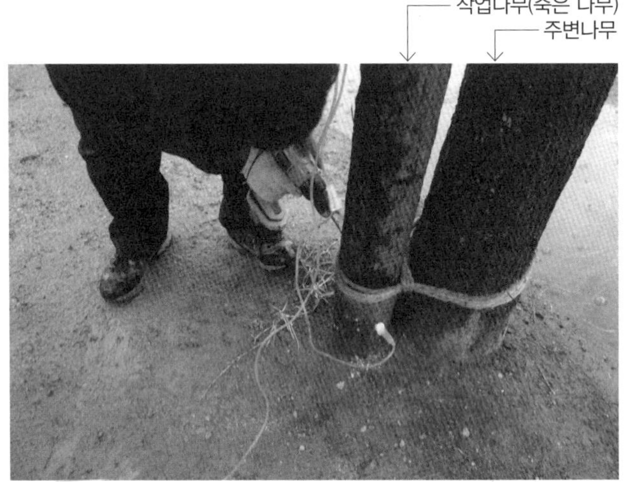

2. 같은 방법으로 반대쪽 기존 구멍에서 10~15cm 높이 되는 곳에 주입구멍 1개를 더 뚫는다.
3. 수간 주입기를 사람의 키 높이가 되는 곳에 끈으로 매단다.
4. 주입기의 한쪽 호스로 약액이 흘러 나오도록 해서 줄기에 뚫어 놓은 주입구멍 안에 약액을 가득 넣어 가며 넣는다.
5. 같은 방법으로 나머지 호스를 반대쪽 주입 구멍에 꼭 끼운 뒤 대기하다가 수간주사를 제거하라는 지시가 있으면 빼낸다.
6. 수간 주입이 끝나면 수간 주입기를 걷어 내고 주입구멍에 코르크 마개로 주입구멍을 막아 준뒤 방균 도포제를 발라준다(도포제는 실제 지급되지 않음).
   – 가장 쉬운 작업 중 하나이나 질문이 꽤 까다로울 수 있다.

구두형질문유형

1. 수간주사를 놓는 이유는?
   답변 : 대추나무 빗자루병 치료
2. 수간 주사를 놓는시기와 병을 거는 높이는?
   답변 : 수액이 활발한 4~9월 사이 / 사람 키 높이 150~180cm

3. 병을 일으키는 병원균의 이름과 주사액의 이름은? 몇 배로 희석 조제하는가?

답변 : 파이토플라즈마/ 옥시테트라싸이클린을 1000배액으로 희석한다.

검사가 종료되면, 제일 중요한 일은? 장비정리와 현장원상복구이다.

▣ 시공 준비물 챙기기

	시공지급도구 외 갖고 가면 좋은 도구	비고
판석깔기	줄자, 대못 2개에 묶은 실/줄	공통준비물 : 복장 : 등산복에 준한 작업복장 장갑 1개/ 줄자 정도
벽돌깔기(모로세워깔기)		
잔디 뗏장붙이기(평떼)		
줄떼		
어긋나기		
실생파종(잔디종자)		
교목식재(소나무)	전정 손가위	
관목식재(열식)	줄자	
관목식재(생울타리)	줄자	
삼발이지주목		
삼각 지주목박기		
수간주사 놓기		
굴취-뿌리분만들기		
생울타리 전정하기		

시공은 누구나 어설프다. 열심히 하는 모습과 열정 그리고 본 교재만으로도 충분히 잘 준비될 거라고 확신한다.
여러분의 성공과 합격에 건투를 빈다!

견본을 보면서 시험장의 적응을 길러보며 건투를 빕니다.

자 격 종 목	조경 기능사	작 품 명	조 경 작 업

비번호

시험시간: 60분

1. 요구사항[제 2과제]

가. 주어진 수목을 식별하여 수목명을 기재한다(제한시간 10분).

나. [시공 Ⅰ]→

나. 주어진 재료로 도면과 같이 벽돌(210×100×60) 포장을 실시한다(제한시간 30분).

- 기초잡석이나 콘크리트, 모르타르 등은 실제 행하지 않고 다짐만 한다.
- 까는 방법은 모로 세워깔기로 실시한다.
- 한쪽을 기준하여 물매를 맞추어 조정한다.
- 완성하여 시험위원 점검을 받은 후 해체하여 사용한 재료들은 원위치 시킨다.

(평면도) 견 본

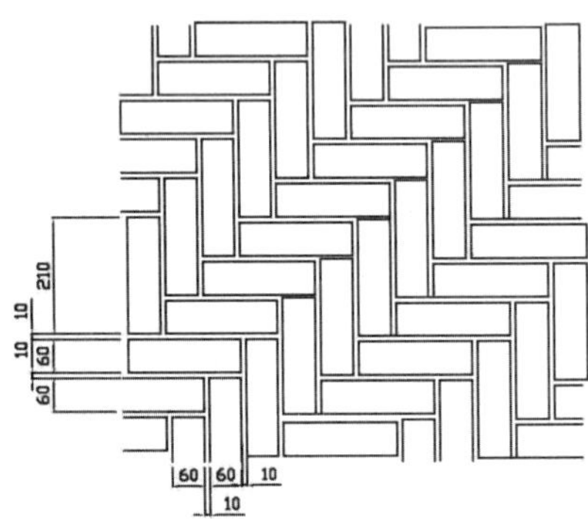

다. [시공 Ⅱ]→

다. 주어진 재료로 수목식재 및 수목보호를 실시한다(제한시간 20분).

- 심는 방법은 죽쑤기로 한다.
- 지주목 설치는 하지 않는다.
- 조경시공현장에서 실제 식재하는 것으로 가정한다.
- 지급된 잣나무를 소나무로 가정하여 진흙 바르기를 실시한다.

조경기능사 실기시험문제

발 행 일 2019년 5월 10일 개정6판 1쇄 발행
2020년 1월 10일 개정6판 2쇄 발행

저 자 박주하

발 행 처  크라운출판사 http://www.crownbook.com

발 행 인 이상원
신고번호 제 300-2007-143호
주 소 서울시 종로구 율곡로13길 21
대표전화 02)745-0311~3
팩 스 02)743-2688
홈페이지 www.crownbook.com
I S B N 978-89-406-4075-3 / 13530

특별판매정가 20,000원

이 도서의 문의를 편집부(02-6430-7019)로 연락주시면
친절하게 응답해 드립니다.